教育部高等学校电子信息类专业教学指导委员会规划教材

高等学校电子信息类专业系列教材·新形态教材

STM32单片机原理及应用

基于STM32F103C8与STM32CubeMX

张　勇　唐颖军　陈爱国　赵　敏　单　丹　编著

清华大学出版社

北京

内 容 简 介

本书基于 ARM Cortex-M3 内核微控制器 STM32F103C8T6，详细讲述嵌入式控制系统的硬件设计与软件开发技术，主要内容包括 STM32F103 微控制器、STM32F103C8T6 学习平台、LED 灯控制程序设计、按键与中断处理、定时器、OLED 屏与温度传感器、串口通信与 Wi-Fi 模块及机智云开发技术等。本书详细介绍了寄存器方法和基于 STM32CubeMX 的 HAL 编程方法，其特色在于模块化教学，实例丰富，配有实例演示视频。本书对基于 STM32F1 系列微控制器及机智云的教学与工程应用，都具有较好的指导和参考价值。

本书可作为普通高等院校物联网工程、电子工程、通信工程、自动化、智能仪器、计算机工程、信息工程等相关专业的教材，也可作为嵌入式系统爱好者和工程开发人员的参考用书。

图书在版编目（CIP）数据

STM32 单片机原理及应用：基于 STM32F103C8 与 STM32CubeMX/张勇等编著. --北京：清华大学出版社，2025.6. --（高等学校电子信息类专业系列教材）. --ISBN 978-7-302-69154-9

Ⅰ. TP368.1

中国国家版本馆 CIP 数据核字第 202532R6R4 号

策划编辑：刘　星
责任编辑：李　锦
封面设计：刘　键
责任校对：王勤勤
责任印制：刘海龙

出版发行：清华大学出版社
　　　网　　　址：https://www.tup.com.cn，https://www.wqxuetang.com
　　　地　　　址：北京清华大学学研大厦 A 座　　　　邮　　编：100084
　　　社 总 机：010-83470000　　　　　　　　　　邮　　购：010-62786544
　　　投稿与读者服务：010-62776969，c-service@tup.tsinghua.edu.cn
　　　质量反馈：010-62772015，zhiliang@tup.tsinghua.edu.cn
印 装 者：三河市君旺印务有限公司
经　　　销：全国新华书店
开　　　本：185mm×260mm　　　印　张：12.75　　　　　字　　数：309 千字
版　　　次：2025 年 6 月第 1 版　　　　　　　　　　印　　次：2025 年 6 月第 1 次印刷
印　　　数：1～1500
定　　　价：49.00 元

产品编号：110210-01

前言
PREFACE

自 1971 年第一块单片机诞生至今,嵌入式系统经历了发展初期和蓬勃发展期,现已进入了成熟期。在嵌入式系统发展初期,各种电子设计自动化(Electronic Design Automation,EDA)工具还不完善,芯片的制作工艺较复杂,制作成本颇高,嵌入式程序设计语言以汇编语言为主,该时期只有电子工程专业技术人员才能从事嵌入式系统设计与开发工作。到了 20 世纪 80 年代,随着 MCS-51 系列单片机的出现及 C51 程序设计语言的成熟,单片机应用系统成为嵌入式系统的代名词,MCS-51 单片机迅速在智能仪表和自动控制等相关领域得到普及。同时期,各种数字信号处理器(Digital Signal Processor,DSP)芯片、现场可编程门阵列(Field Programmable Gate Array,FPGA)芯片和单片系统(System on a Chip,SoC)芯片如雨后春笋般涌现出来,应用领域从最初的自动控制应用扩展到各种各样的智能应用系统。1997 年,ARM 公司推出 ARM7 微控制器,之后推出 Cortex 系列微控制器和微处理器,成为嵌入式系统设计的首选芯片,标志着嵌入式系统进入蓬勃发展期。

本书基于 ARM Cortex-M3 内核微控制器芯片 STM32F103C8T6,详细讲述嵌入式控制系统的硬件设计与软件开发技术。STM32F103C8T6 芯片体积小,功耗低,片上资源紧凑,通用输入/输出口有 37 个,核心工作频率最高达 72MHz,片上 Flash 空间为 64KB,RAM 空间为 20KB,支持 C 语言编程控制,易学易用,是替代传统 8051 系列单片机的最佳选择。本书按照强化学生应用能力与实践能力的教学思想,编排了一套适合学生分组设计的硬件电路系统(选用了具有 48 只引脚 LQFP 封装的 STM32F103C8T6 芯片,适合学生手工焊装),在此硬件电路系统的基础上,介绍组织嵌入式控制设计与编程知识,偏重阐述片内外设控制技术、OLED 屏、RS485 总线和 Wi-Fi 模块等。

全书内容分为 8 章。第 1 章介绍 ARM Cortex-M3 内核微控制器芯片 STM32F103C8T6 的内部结构、引脚配置、存储器、片内外设、异常与 NVIC 中断等。第 2 章介绍一个完整的硬件电路系统,包括 STM32F103C8T6 核心电路,电源电路,LED 灯与蜂鸣器驱动电路、按键控制电路,温度测量电路,RS485 总线电路,Wi-Fi 接口、OLED 屏接口和扩展接口,JIAG 接口、电池接口与 BOOT 控制电路等。这部分内容作为学生分组制作硬件电路的参考蓝图,也是后面程序设计的硬件电路基础。第 3 章讨论 STM32F103C8T6 的 GPIO 访问方法及 LED 灯控制技术,并完整地介绍基于 Keil MDK 创建工程的方法,后面的工程均基于该工程框架。第 4 章深入分析 NVIC 中断的工作原理,重点介绍 GPIO 外部输入中断的处理方法,并给出按键响应实例。第 5 章阐述 STM32F103C8T6 内部通用定时器、看门狗定时器、实时时钟和系统节拍定时器的应用与实例,其中,系统节拍定时器主要用于为嵌入式实时操作系统提供时钟节拍(一般设为 100Hz)。第 6 章介绍 OLED 屏显示控制技术,并阐述温度传感器 DS18B20 的应用方法,展示 OLED 屏显示环境温度值的应用实例。第 7 章介绍 RS485 总线通信方法和 Wi-Fi 模块用法,串口通信一般借助中断方式从上位机接收串口数据,通过函数调用方式向上位机发送串口数据。第8章基于机智云平台介绍终端设备通过Wi-Fi模块联网通信的程序设计方法,实现Android手机远程实时显示STM32F103C8T6学习板上的温度信息。

本书具备嵌入式开发知识的完整性和可扩展性。通过本书的教学活动,展示给读者一个从事嵌入式系统设计的"认知—应用—提高"的全过程。"认知"体现为对嵌入式系统核心芯片的学习和掌握,重点在于学习一款芯片的存储器、中断与片内外设(合称为芯片的三要素),这也是第1章关于STM32F103C8T6芯片的重点内容;"应用"体现在应用芯片进行嵌入式电路板的设计,并掌握各个电路模块的工作原理和访问技术,会应用C语言进行驱动函数与应用程序设计,即第2~7章的全部内容;"提高"是指将该电路板底层硬件的访问方法抽象为函数调用,并实现智慧终端通过Wi-Fi模块联网通信的程序设计,即第8章的内容,使没有硬件电路设计基础的软件工程师可在此基础上开发出高性能的用户应用程序,并实现友好的图形用户界面。建议授课教师先讲授第2章内容并组织学生分组设计电路板,再按顺序讲授第1章和第4~7章内容,第8章内容根据专业培养方案选学。

本书中的全部工程都是完整且相互联系的,后续章节的工程建立在前面章节工程的基础上,是添加了新的功能而构建的。本书以有限的篇幅巧妙地将所有工程的源代码都包含进来,强烈建议读者自行录入源程序,以加强学习效果。请使用Keil MDK 5.39或更高版本编写与调试本书工程程序。

本书第2章的学习平台是一个完整的硬件平台,也是需要学生分组开展设计的硬件实验平台,包括原理图设计与PCB设计(可使用Altium Designer软件)、制板、焊装、样机测试等。一般地,一个小组可在两周时间内独立完成这些工作。同时,本书的所有工程均使用这个硬件学习平台测试通过。本书由江西财经大学软件与物联网工程学院张勇组织编写,唐颖军参编了第3章,陈爱国参编了第4章,赵敏参编了第5~7章,单丹参编了第8章。感谢清华大学出版社刘星、李锦编辑对本书出版付出的辛勤工作。

党的二十大报告中指出"教育、科技、人才是全面建设社会主义现代化国家的基础性、战略性支撑""坚持把发展经济的着力点放在实体经济上,推进新型工业化""推动战略性新兴产业融合集群发展,构建新一代信息技术、人工智能、生物技术、新能源、新材料、高端装备、绿色环保等一批新的增长引擎""加快发展物联网"。在党的二十大思想指引下,本书将硬件设计与软件控制相结合,将微控制器技术的教学与实践相结合,培养兼有基础理论知识和工程实用能力的新工科大学生,培养服务于新一代信息技术和物联网技术的专业型人才。

配 套 资 源

- 程序代码等资源:扫描目录上方的二维码下载。
- 教学课件、教学大纲等资源:到清华大学出版社官方网站本书页面下载,或者扫描封底的"书圈"二维码在公众号下载。
- 微课视频(**99分钟,24集**):扫描书中相应章节中的二维码在线学习。

注:请先扫描封底刮刮卡中的文泉云盘防盗码进行绑定后再获取配套资源。

作者于江西财经大学麦庐园

2025 年 3 月

微课视频清单

序　号	视　频　名　称	时长/min	书　中　位　置
1	PRJ01. mp4	4	3.3 节节首
2	HPrj01. mp4	4	3.4.2 节节首
3	PRJ02. mp4	4	4.3.1 节节首
4	HPrj02. mp4	4	4.3.2 节节首
5	PRJ03. mp4	4	5.1.2 节节首
6	HPrj03. mp4	4	5.1.3 节节首
7	PRJ04. mp4	4	5.2.2 节节首
8	HPrj04. mp4	4	5.2.3 节节首
9	PRJ05. mp4	4	5.3.2 节节首
10	HPrj05. mp4	4	5.3.3 节节首
11	PRJ06. mp4	4	5.4.2 节节首
12	HPrj06. mp4	4	5.4.3 节节首
13	PRJ07. mp4	4	6.1.2 节节首
14	HPrj07. mp4	4	6.1.3 节节首
15	PRJ08. mp4	4	6.2.2 节节首
16	HPrj08. mp4	4	6.2.3 节节首
17	PRJ09. mp4	4	6.3.2 节节首
18	HPrj09. mp4	4	6.3.3 节节首
19	PRJ10T. mp4	4	7.3.2 节节首
20	PRJ10R. mp4	4	"程序段 7-6"旁边
21	HPrj10T. mp4	4	7.3.3 节节首
22	HPrj10R. mp4	4	"程序段 7-11"旁边
23	PRJ11. mp4	4	7.4.2 节节首
24	HPrj11. mp4	7	7.4.3 节节首

目 录
CONTENTS

配套资源

第1章 STM32F103微控制器

ARM(Advanced RISC Machine,高级精简指令集机器)是 ARM 公司的注册商标。目前,ARM 公司主推的具有知识产权的内核为 Cortex-M 系列,意法半导体获得了 Cortex-M 系列内核的授权,推出了 32 位 STM32 微控制器。其中,STM32F0 系列集成了 Cortex-M0 内核,STM32L0 系列集成了极低功耗 Cortex-M0＋内核,STM32F1 系列、STM32F2 系列、STM32L1 系列和 STM32W1 系列集成了 Cortex-M3 内核,STM32F3 系列、STM32F4 系列和 STM32L4 系列集成了 Cortex-M4 内核,而 STM32F7 系列则集成了高性能 Cortex-M7 内核。

STM32F1 系列均集成了 Cortex-M3 内核(所谓的内核就是指传统意义上的中央处理器(Central Processing Unit,CPU),包含运算器、控制器和总线阵列)。根据芯片存储器和片上外设的不同,STM32F1 系列又分为 STM32F100、STM32F101、STM32F102、STM32F103、STM32F105、STM32F107 共 6 个子系列。其中,根据片内存储器的大小和片上外设的数量,STM32F103 子系列细分为 29 类芯片,不失一般性,本书以具体的 STM32F103C8T6 型号芯片为例展开论述。本章内容参考了 STM32F103 数据手册和用户参考手册。

本章的学习目标:

- 了解 STM32F103 微控制器引脚结构;
- 熟悉 STM32F103 微控制器存储器和片内外设;
- 掌握 STM32F103 异常与中断向量表。

1.1 STM32F103C8T6 概述

STM32F103C8T6 芯片的主要特性如下。

(1) 集成了 32 位的 ARM Cortex-M3 内核,最高工作频率可达 72MHz,计算能力为 1.25DMIPS/MHz(Dhrystone 2.1),具有单周期乘法指令和硬件除法器。

(2) 具有 64KB 片内 Flash 存储器和 20KB 片内静态随机存储器(Static Random Access Memory,SRAM)。

(3) 内部集成了 8MHz 晶体振荡器,可外接 4～16MHz 时钟源。

(4) 2.0～3.6V 单一供电电源,具有上电复位(Power-On Reset,POR)功能。

(5) 具有睡眠、停止、待机 3 种低功耗工作模式。

(6) 48 引脚 LQFP 封装(薄型四边引线扁平封装),简记为 LQFP48。

(7) 内部集成了 8 个定时器:3 个 16 位的通用定时器,1 个 16 位的可产生脉宽调制

(Pulse Width Modulation,PWM)波控制电机的定时器,2个加窗的看门狗定时器,1个24位的系统节拍定时器(24位减计数)和1个40kHz的内部实时时钟(Real-Time Clock,RTC)。

(8) 2个12位的数模转换器(Digital to Analog Converter,DAC)(10通道)。

(9) 集成了内部温度传感器和实时时钟。

(10) 具有37个高速通用输入/输出口(General Purpose Input/Output,GPIO),可从其中任选16个作为外部中断输入口,大部分GPIO可承受5V输入(PA0~PA7、PB0~PB1和PC13~PC15除外)。

(11) 集成了9个外部通信接口:2个集成电路总线(Inter-Integrated Circuit,I²C)、2个串行外设接口(Serial Peripheral Interface,SPI)(18Mb/s)、1个CAN(2.0B)、3个USART和1个USB 2.0设备。

(12) 具有7通道的直接存储器访问(Direct Memory Access,DMA)控制器,支持定时器、模数转换器(Analog to Digital Converter,ADC)、SPI、I²C和USART外设。

(13) 具有96位的全球唯一编号。

(14) 工作温度为-40~85℃。

STM32F103家族中的其他型号芯片与STM32F103C8T6相比,内核相同,工作频率相同,但片内Flash存储器和SRAM的容量及片内外设数量有所不同,对外部的通信接口数量和芯片封装各不相同,因此性价比也各不相同。值得一提的是,STM32F103xC、STM32F103xD和STM32F103xE(x=R,V,Z)这3个系列相同封装的芯片是引脚兼容的,这种芯片兼容方式是芯片升级换代的最高兼容标准。

STM32F103系列微控制器主要用于电机控制、工业智能控制、医疗设备、计算机外围终端和全球定位系统(Global Positioning System,GPS)等。

1.2 STM32F103C8T6引脚定义

STM32F103C8T6为48引脚LQFP封装,其外形如图1-1所示。

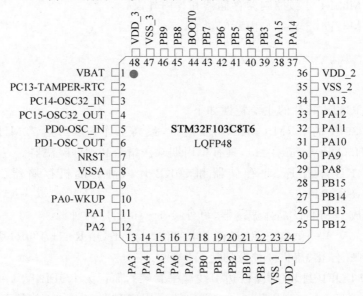

图1-1 STM32F103C8T6外形

由图 1-1 可知,STM32F103C8T6 包括 4 个通用输入/输出口,依次称为 PA、PB、PC 和
PD 口,每个 GPIO 都复用了其他口的功能。STM32F103C8T6 各个引脚的定义如表 1-1 所
示,大部分引脚名称的具体含义和用法在后面章节中介绍,其余的部分请参考 STM32F103
数据手册和参考手册。

表 1-1　STM32F103C8T6 各个引脚的定义

序号	引脚编号	引脚名称	主要功能	复用功能	重映射功能
PA 口					
1	10	PA0-WKUP	PA0	WKUP/USART2_CTS/ADC12_IN0/TIM2_CH1_ETR	无
2	11	PA1	PA1	USART2_RTS/ADC12_IN1/TIM2_CH2	无
3	12	PA2	PA2	USART2_TX/ADC12_IN2/TIM2_CH3	无
4	13	PA3	PA3	USART2_RX/ADC12_IN3/TIM2_CH4	无
5	14	PA4	PA4	SPI1_NSS/USART2_CK/ADC12_IN4	无
6	15	PA5	PA5	SPI1_SCK/ADC12_IN5	无
7	16	PA6	PA6	SPI1_MISO/ADC12_IN6/TIM3_CH1	TIM1_BKIN
8	17	PA7	PA7	SPI1_MOSI/ADC12_IN7/TIM3_CH2	TIM1_CH1N
9	29	PA8	PA8	USART1_CK/TIM1_CH1/MCO	无
10	30	PA9	PA9	USART1_TX/TIM1_CH2	无
11	31	PA10	PA10	USART1_RX/TIM1_CH3	无
12	32	PA11	PA11	USART1_CTS/USBDM/CANRX/TIM1_CH4	无
13	33	PA12	PA12	USART1_RTS/USBDP/CANTX/TIM1_ETR	无
14	34	PA13	JTMS/SWDIO	无	PA13
15	37	PA14	JTCK/SWCLK	无	PA14
16	38	PA15	JTDI	无	TIM2_CH1_ETR/PA15/SPI1_NSS
PB 口					
17	18	PB0	PB0	ADC12_IN8/TIM3_CH3	TIM1_CH2N
18	19	PB1	PB1	ADC12_IN9/TIM3_CH4	TIM1_CH3N
19	20	PB2	PB2/BOOT1	无	
20	39	PB3	JTDO	无	TIM2_CH2/PB3/TRACESWO/SPI1_SCK

续表

序号	引脚编号	引脚名称	主要功能	复用功能	重映射功能
21	40	PB4	NJTRST	无	TIM3_CH1/PB4/SPI1_MISO
22	41	PB5	PB5	I2C1_SMBA	TIM3_CH2/SPI1_MOSI
23	42	PB6	PB6	I2C1_SCL/TIM4_CH1	USART1_TX
24	43	PB7	PB7	I2C1_SDA/TIM4_CH2	USART1_RX
25	45	PB8	PB8	TIM4_CH3	I2C1_SCL/CANRX
26	46	PB9	PB9	TIM4_CH4	I2C1_SDA/CAN_TX
27	21	PB10	PB10	I2C2_SCL/USART3_TX	TIM2_CH3
28	22	PB11	PB11	I2C2_SDA/USART3_RX	TIM2_CH4
29	25	PB12	PB12	SPI2_NSS/I2C2_SMBA/USART3_CK/TIM1_BKIN	无
30	26	PB13	PB13	SPI2_SCK/USART3_CTS/TIM1_CH1N	无
31	27	PB14	PB14	SPI2_MISO/USART3_RTS/TIM1_CH2N	无
32	28	PB15	PB15	SPI2_MOSI/TIM1_CH3N	无
PC 口					
33	2	PC13-TAMPER-RTC	PC13	TAMPER-RTC	无
34	3	PC14-OSC32_IN	PC14	OSC32_IN	无
35	4	PC15-OSC32_OUT	PC15	OSC32_OUT	无
PD 口					
36	5	PD0-OSC_IN	OSC_IN	无	PD0
37	6	PD1-OSC_OUT	OSC_OUT	无	PD1
电源与复位相关引脚					
38	23	VSS_1	VSS_1	无	无
39	24	VDD_1	VDD_1	无	无
40	35	VSS_2	VSS_2	无	无
41	36	VDD_2	VDD_2	无	无
42	47	VSS_3	VSS_3	无	无
43	48	VDD_3	VDD_3	无	无
44	1	VBAT	VBAT	无	无
45	8	VSSA	VSSA	无	无
46	9	VDDA	VDDA	无	无
47	7	NRST	NRST	无	无
48	44	BOOT0	BOOT0	无	无

表 1-1 中 VSS_x(x＝1,2,3)接地,VDD_x(x＝1,2,3)接 2.0～3.6V 电源,为芯片中数字电路部分提供能源;VBAT 接 1.8～3.6V 电池电源,为 RTC 提供能源;VDDA 接模拟电源,VSSA 接模拟地,为芯片中模拟电路部分提供能源。BOOT0 和 BOOT1(表 1-1 中序号 19)用于选择 STM32F103C8T6 上电启动方式,如果 BOOT0＝0(BOOT1 无效),则从 Flash 存储器启动,此时 Flash 存储器可从 0x0 地址或其物理地址 0x800 0000 访问。如果 BOOT0＝1,则由 BOOT1 引脚的输入电平决定启动方式;如果 BOOT1＝0,则由系统存储器(System Memory)启动,此时系统存储器映射到 0x0 地址处,可以从 0x0 地址或从系统存储器的物理地址 0x1FFF F000 处访问该存储器;如果 BOOT1＝1,则由片上 SRAM 启动,访问地址为 0x2000 0000。一般地,配置 BOOT0＝0,即从片上 Flash 启动。PD0-OSC_IN 和 PD1-OSC_OUT 用于连接外部高精度晶体振荡器。NRST 为芯片复位输入信号,低电平有效。

1.3　STM32F103 架构

STM32F103C8T6 内部结构如图 1-2 所示。

STM32F103C8T6 集成了 Cortex-M3 内核 CPU,最高工作频率可达 72MHz,与 CPU 紧耦合的为嵌套向量中断控制器(Nested Vectored Interrupt Controller,NVIC)和跟踪调试单元。其中,调试单元支持标准联合测试工作组(Joint Test Action Group,JTAG)和串行 SW(Serial Wire)两种调试方式;16 个外部中断源作为 NVIC 的一部分。CPU 通过指令总线直接到 Flash 存储器取指令,通过数据总线和总线阵列与 Flash 存储器和 SRAM 交换数据,DMA 可以直接通过总线阵列控制定时器、ADC、SPI、I^2C 和 UART。

Cortex-M3 内核 CPU 通过总线阵列和高级高性能总线(Advanced High Performance Bus,AHB)及 AHB-APB(Advanced Peripheral Bus,高级外设总线)桥与两类 APB 相连接,即 APB1 和 APB2。其中,APB2 工作频率在 72MHz 下,与它相连的外设有外部中断与唤醒控制器、4 个通用输入/输出口(PA、PB、PC 和 PD)、定时器 1(TIM1)、SPI1、USART1、2 个 ADC 和内部温度传感器。其中,2 个 ADC 和内部温度传感器使用 VDDA 电源。

APB1 最高工作频率为 36MHz,与 APB1 相连的外设有看门狗定时器、RTC、定时器 2(TIM2)、定时器 3(TIM3)、定时器 4(TIM4)、USART2、USART3、SPI2、I^2C1 与 I^2C2、CAN 及 USB 设备。其中,512B 的 SRAM 属于 CAN 模块,看门狗定时器使用 VDD 电源,RTC 使用 VBAT 电源。

STM32F103C8T6 芯片内部具有 8MHz 和 40kHz 的 RC 振荡器,时钟与复位控制器直接与 AHB 相连接。

在图 1-2 中,各个功能模块都有专用的工作时钟源,管理这些时钟源使得这些模块处于工作状态或低功耗状态。STM32F103C8T6 芯片的时钟管理如图 1-3 所示。

在图 1-3 中,芯片内部工作频率为 8MHz 的时钟记为 HSI,芯片外部输入的工作频率为 4～16MHz(一般是 8MHz)的时钟记为 HSE,内部工作频率为 40kHz 的时钟记为 LSI,外部输入工作频率为 32.768kHz 的时钟称为 LSE。STM32F103C8T6 的时钟管理非常灵活。在图 1-3 的左下角,STM32F103C8T6 芯片可向外部输出 PLLCLK/2、HSE、HSI 和 SYSCLK 4 个时钟信号之一。从图 1-3 的左边向右边看过去,外部可接 8MHz 时钟(由

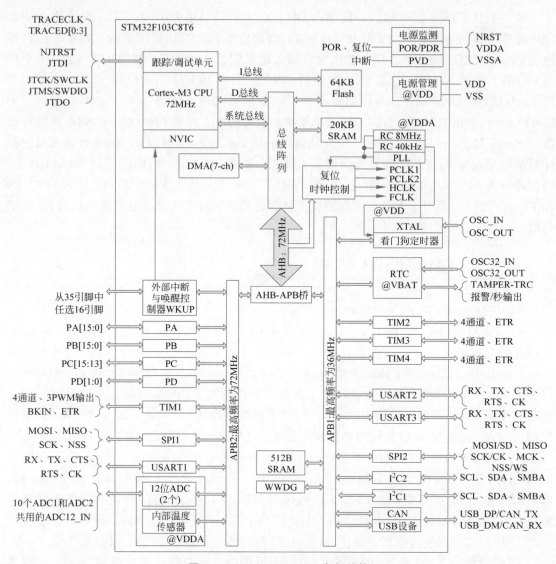

图 1-2　STM32F103C8T6 内部结构

OSC_IN 和 OSC_OUT 引脚接入）和 32.768kHz 时钟（由 OSC32_IN 和 OSC32_OUT 引脚接入）。系统时钟 SYSCLK 来自 HSI、PLLCLK（PLL 倍频器输入时钟）和 HSE 这 3 个时钟源中的一个，其中，PLL 倍频器的输入为 HSI/2 或 PLLXTPRE 选通的时钟信号（即 OSC 输出时钟或其二分频值）。SYSCLK 直接送给 AHB 预分频器（分频值为 $1,1/2,1/4,\cdots,1/512$）。

　　AHB 预分频器的输出时钟供给 APB1 外设、APB2 外设和 ADC 等，同时，AHB 预分频器的输出时钟还直接作为 AHB、Cortex 内核、存储器和 DMA 的 HCLK 时钟，并作为 Cortex 内核自由运行时钟 FCLK，1/8 分频后作为 Cortex 系统定时器时钟源。APB1 预分频器的输出时钟作为 APB1 外设的时钟源，并且经"定时器 2~4 倍频器"倍频后作为定时器 2~4 的时钟源。APB2 预分频器的输出时钟作为 APB2 外设的时钟源，经"定时器 1 倍频器"倍频后作为定时器 1 的时钟源，经 ADC 预分频器后作为 ADC1 和 ADC2 的时钟源。

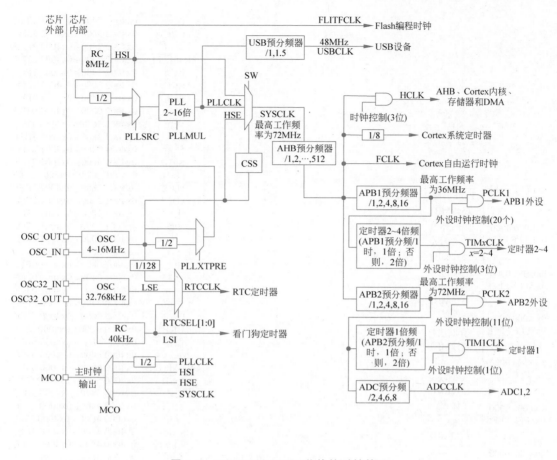

图 1-3　STM32F103C8T6 芯片的时钟管理

此外,RTC 定时器的时钟源为 HSE/128、LSE 或 LSI 之一,看门狗定时器由 LSI 提供时钟。

需要指出的是,每个外设的时钟源受"外设时钟控制"寄存器管理,可以单独打开或关闭时钟源。例如,由图 1-2 可知,APB1 外设有 15 个,APB2 外设有 10 个,均可以单独打开或关闭时钟源。当对晶体振荡器的精确度要求不苛刻时,由图 1-3 可知,与引脚 OSC_IN 和 OSC_OUT 相连接的外部高精度 8MHz 晶体振荡器可以省掉,而使用片内 8MHz 的 RC 振荡器;与引脚 OSC32_IN 和 OSC32_OUT 相连接的外部高精度 32.768kHz 晶体振荡器可以省掉,而使用片内 40kHz 的 RC 振荡器(内部独立的看门狗始终使用 LSI);MCO 端口输出的时钟信号可作为其他数字芯片的时钟输入源。

1.4　STM32F103 存储器

STM32F103C8T6 的存储器配置如图 1-4 所示。

由图 1-4 可知,STM32F103C8T6 是 32 位的微控制器,可寻址存储空间大小为 $2^{32} = 4GB$,分为 8 个 512MB 的存储块,存储块 0 的地址范围为 0x0000 0000~0x1FFF FFFF,存储块 1 的地址范围为 0x2000 0000~0x3FFF FFFF,以此类推,存储块 7 的地址范围为 0xE000 0000~ 0xFFFF FFFF。

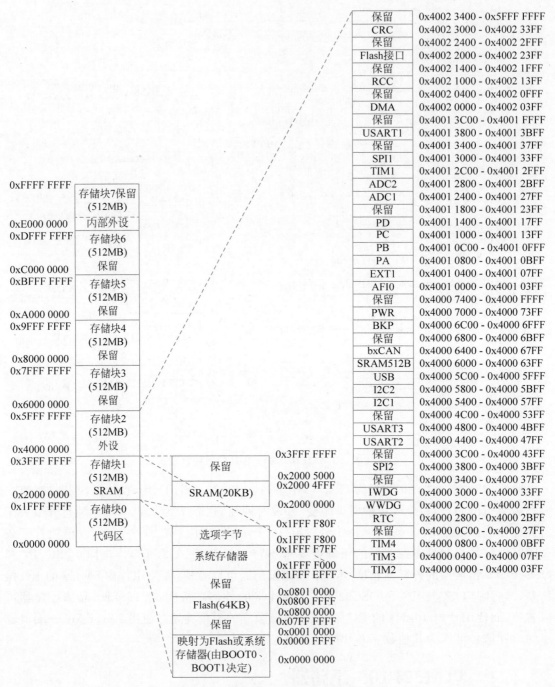

图 1-4 STM32F103C8T6 的存储器配置

STM32F103C8T6 的可寻址空间大小为 4GB,但是并不意味着地址空间 0x0~0xFFFF FFFF 均可以有效地访问,只有映射了真实物理存储器的存储空间才能被有效地访问。对于存储块 0,如图 1-4 所示,片内 Flash 映射到地址空间 0x0800 0000~0x0800 FFFF(64KB),系统存储器映射到地址空间 0x1FFF F000~0x1FFF F7FF(2KB),用户选项字节(Option Bytes)映射到地址空间 0x1FFF F800~0x1FFF F80F(16B)。同时,地址范围 0x0~0xFFFF,根据启动模式要求,可以作为 Flash 或系统存储器的别名访问空间,例如,BOOT0＝0 时,片内 Flash 同时映射到地址空间 0x0～0xFFFF 和地址空间 0x0800 0000～0x0800 FFFF,即地址空间 0x0～0xFFFF 是 Flash 存储器。除这些之外,其余空间是保留的。

512MB 的存储块 1 中只有地址空间 0x2000 0000～0x2000 4FFF 映射了 20KB 的 SRAM,其余空间是保留的。

尽管 STM32F103C8T6 微控制器具有两个 APB,且这两个总线上的外设访问速度不同,但是,芯片存储空间中并没有区别这两个外设的访问空间,而是把全部 APB 外设映射到存储块 2 中,每个外设的寄存器占据 1KB 大小的空间,如表 1-2 所示。除了表 1-2 中的地址空间外,存储块 2 中其余空间是保留的。

表 1-2　APB 外设映射的存储空间(基地址为 0x4000 0000,大小均为 1KB,即 0x400)

序号	APB 外设	起始偏移地址	序号	APB 外设	起始偏移地址
1	TIM2	0x0 0000	17	AFIO	0x1 0000
2	TIM3	0x0 0400	18	EXTI	0x1 0400
3	TIM4	0x0 0800	19	Port A	0x1 0800
4	RTC	0x0 2800	20	Port B	0x1 0C00
5	WWDG	0x0 2C00	21	Port C	0x1 1000
6	IWDG	0x0 3000	22	Port D	0x1 1400
7	SPI2	0x0 3800	23	ADC1	0x1 2400
8	USART2	0x0 4400	24	ADC2	0x1 2800
9	USART3	0x0 4800	25	TIM1	0x1 2C00
10	I^2C1	0x0 5400	26	SPI1	0x1 3000
11	I^2C2	0x0 5800	27	USART1	0x1 3800
12	USB	0x0 5C00	28	DMA	0x2 0000
13	SRAM512B USB/CAN 共享	0x0 6000	29	RCC	0x2 1000
14	BxCAN	0x0 6400	30	Flash 接口	0x2 2000
15	BKP	0x0 6C00	31	CRC	0x2 3000
16	PWR	0x0 7000			

表 1-2 中的"USB/CAN 共享"对应的 1KB 存储空间,对于 CAN 而言,实际上只有 512B 的 SRAM 空间。

对于 ARM Cortex-M3 而言,存储区中地址范围 0x2000 0000～0x200F FFFF(1MB)的存储空间被映到地址范围 0x2200 0000～0x23FF FFFF(32MB)的位带区存储空间,其对应关系为 $A=0x2200\ 0000+(W-0x2000\ 0000)\times32+k\times4$,即存储区中地址范围 0x2000 0000～0x200F FFFF 中的地址 W 的第 k 位(记为 $W.k$)对应着位带区中的地址 A,对该地址(32 位)的访问相当于访问 $W.k$,即向 A 写入 1,则 $W.k$ 置 1;向 A 写入 0,则 $W.k$ 清零。读出 A 相当于读出 $W.k$。对于 STM32F103C8T6 而言,存储区为 0x2000 0000～0x2000 4FFF。

同理,存储区中地址范围 0x4000 0000～0x400F FFFF(1MB)的存储空间被映射到地址范围 0x4200 0000～0x43FF FFFF,对应关系为 $A=0x4200\ 0000+(W-0x4000\ 0000)\times32+k\times4$,将存储区 0x4000 0000～0x400F FFFF 中 W 地址的第 k 位($W.k$)映射到位带区字地址 A。位带区的每个字地址的内容只有第 0 位有效,其余的第[31:1]位保留。

1.5　STM32F103 片内外设

本节介绍 STM32F103C8T6 微控制器的片内外设。由于该微控制器外设繁多,所以这里均只作简要介绍,而本书用到的外设的详细讲述放在相应的章节中。对其他外设内容感兴趣的读者,请参考 STM32F103 用户参考手册,在浏览该手册时需要牢记:使用外设就是配置外设的寄存器,而配置外设的寄存器是通过访问它们的地址实现的。

STM32F103C8T6 微控制器片内具有多种高速总线,其中,指令总线(ICode Bus,简称 I-Bus),连接 Flash 存储器指令接口和 ARM Cortex-M3 内核;数据总线(DCode Bus,简称 D-Bus),连接 Flash 存储器数据接口和 ARM Cortex-M3 内核;系统总线(System Bus,简称 S-Bus),通过总线阵列与 DMA、AHB 和 APB 相连接;DMA 总线(DMA-Bus)连接 DMA 控制器和总线阵列;AHB 通过 AHB-APB 桥与 APB 相连接,AHB 与总线阵列相连接。复杂而高效的总线系统是 STM32F103C8T6 高性能的基本保障。

STM32F103C8T6 微控制器的片内外设有 CRC(Cyclic Redundancy Check,循环冗余校验)计算单元、复位与时钟管理单元、GPIO 和替换功能输入/输出口(Analog Function Input/Output,AFIO)单元、ADC、DMA 控制器、高级控制定时器 TIM1、通用定时器 TIM2～TIM4、实时时钟、独立看门狗(Independent Watchdog,IWDG)、窗口看门狗(Windowed Watchdog,WWDG)、USB 设备、bxCAN、SPI、I^2C 接口、通用同步/异步串行接收/发送设备(Universal Synchronous/Asynchronous Receiver/Transmitter,USART)、芯片唯一身份号寄存器(96 位长)等。

CRC 计算单元用于计算给定的 32 位长的字数据的 CRC 校验码,生成多项式为 $x^{32}+x^{26}+x^{23}+x^{22}+x^{16}+x^{12}+x^{11}+x^{10}+x^8+x^7+x^5+x^4+x^2+x+1$,即 0x04C1 1DB7,CRC 计算单元共有 3 个寄存器:数据寄存器(CRC_DR)(偏移地址为 0x0,复位值为 0xFFFF FFFF,基地址为 0x4002 3000),用于保存需要校验的 32 位长的数据,读该寄存器可读出前一个数据的 CRC32 校验码;独立的数据寄存器(CRC_IDR)(偏移地址为 0x04,复位值为 0x0000 0000),只有低 8 位有效,用作通用数据寄存器;控制寄存器(CRC_CR)(偏移地址为 0x08,复位值为 0x0000 0000),只有第 0 位有效,写入 1 时复位 CRC 计算单元,使 CRC_DR 的值为 0xFFFF FFFF。

复位与时钟控制(Rest Clock Control,RCC)单元是使用 STM32F103C8T6 必须首先学习的模块,因为芯片上电复位后,需要做的第一步工作是把时钟工作频率调整到 72MHz(事实上,在 Keil MDK 工程中,这一步由 Keil MDK 软件提供的 SystemInit 函数自动实现),这是通过配置 RCC 单元的寄存器实现的。RCC 单元的寄存器包括时钟控制寄存器(RCC_CR)、时钟配置寄存器(RCC_CFGR)、时钟中断寄存器(RCC_CIR)、APB2 外设复位寄存器(RCC_APB2RSTR)、APB1 外设复位寄存器(RCC_APB1RSTR)、AHB 外设时钟有效寄存器(RCC_AHBENR)、APB2 外设时钟有效寄存器(RCC_APB2ENR)、APB1 外设时钟有效寄存器(RCC_APB1ENR)、备份区控制寄存器(RCC_BDCR)及控制与状态寄存器(RCC_CSR)。GPIO 单元是 STM32F103C8T6 与外部进行通信的主要通道,可以读入或输出数字信号,作为输入端口时,有上拉有效、下拉有效或无上拉无下拉的悬空工作模式;作为输出端口时,支持开漏和推挽工作模式。GPIO 单元的寄存器包括 2 个 32 位的配置寄存器

（GPIOx_CRL 和 GPIOx_CRH）、2 个 32 位的数据寄存器（GPIOx_IDR 和 GPIOx_ODR）、
1 个 32 位的置位和清零寄存器（GPIOx_BSRR）、1 个 16 位的清零寄存器（GPIOx_BRR）和
1 个 32 位的锁定寄存器（GPIOx_LCKR）。这里的 x 取 A~D 中的一个字母，表示端口号。

　　复用 GPIO 的 AFIO 单元需要借助 GPIO 配置寄存器将端口配置为合适的工作模式，
特别是作为输出端口时，有相应的替换功能下的开漏和推挽工作模式。与 AFIO 单元相关
的寄存器有事件控制寄存器（AFIO_EVCR）、替换功能重映射和调试 IO 口配置寄存器
（AFIO_MAPR）、外部中断配置寄存器 1（AFIO_EXTICR1）、外部中断配置寄存器 2（AFIO_
EXTICR2）、外部中断配置寄存器 3（AFIO_EXTICR3）、外部中断配置寄存器 4（AFIO_
EXTICR4）、替换功能重映射和调试 IO 口配置寄存器 2（AFIO_MAPR2）。1.1 节曾提到，
从 37 个 GPIO 中可任选 16 个作为外部中断输入口，选取工作由配置 AFIO_EXTICR1~4
寄存器实现，这 4 个寄存器的结构类似，均只有低 16 位有效，分成 4 个四位组，即 4 个寄存
器共有 16 个四位组，依次记为 EXTI15[3:0]、EXTI14[3:0]、EXTI13[3:0]、…、EXTI2[3:0]、
EXTI1[3:0]、EXTI0[3:0]，分别对应着 GPIO 的第 15、14、13、…、2、1、0 引脚，每个四位组
中的值（只能设为 0000b~0011b）对应端口号 A~D。例如，设定 PB4 为外部中断 4 输入
口，则 AFIO_EXTICR2 的 EXTI4[3:0]设为 0001b。

　　STM32F103C8T6 有 2 个 ADC 单元，外部有 10 个 ADC1 和 ADC2 共用的输入端口（以
ADC12_INx 表示，x=0,1,…,9）。此外，内部温度传感器的模拟输出电压值送到 ADC1_
IN16 内部端口。

　　STM32F103C8T6 共有 4 个定时器，其中，TIM1 称为高级控制定时器，TIM2~TIM4
称为通用定时器，如表 1-3 所示。

表 1-3　STM32F103C8T6 定时器

定 时 器	分 辨 率	计数方式	分 频 值	DMA 控制	捕获/比较通道	互 补 输 出
TIM1	16 位	加计数 减计数 加/减计数	1~65536	有	4	有
TIM2 TIM3 TIM4	16 位	加计数 减计数 加/减计数	1~65536	有	4	无

　　除了定时器外，STM32F103C8T6 还集成了 RTC，主要用于产生时间；集成了 2 个看门
狗定时器，用于监测软件运行错误，其中独立看门狗定时器具有独立的片内 40kHz 时钟源，
带窗口喂狗的看门狗定时器可以避免发生喂狗程序工作正常而其他程序模块错误的情况。

　　除了上述的片内功能模块外，STM32F103C8T6 还具有与外部进行数据通信的外设模
块，这些模块需要专用的通信时序和协议，包括 3 个 USART（USART1、USART2 和
USART3）、2 个 I^{2}C 接口、2 个串行外设接口（SPI1 和 SPI2）、1 个 CAN 接口和 1 个 USB 设
备接口。

　　在 STM32F103C8T6 的地址 0x1FFF F7E0 处的半字存储空间中，保存了芯片 Flash 空
间的大小，可以使用语句"v= *（（unsigned short * ）0x1FFFF7E0）;"读出，这里 v 为无符
号 16 位整型变量，对于 STM32F103C8T6，v 的值为 0x0040（表示 46KB）。在地址 0x1FFF
F7E8 开始的 12 个字节里保存了芯片的身份号，该编号是全球唯一的，可使用语句"v1=

＊((unsigned int ＊)(0x1FFFF7E8 ＋ 0x00)); v2 ＝ ＊((unsigned int ＊)(0x1FFFF7E8 ＋ 0x04)); v3＝ ＊((unsigned int ＊)(0x1FFFF7E8 ＋ 0x08));"读出,此处,v1、v2 和 v3 为无符号 32 位整型变量,这里读出的值为 v1＝0x066F FF52,v2＝0x5269 8048,v3＝0x6706 2227,即所使用的芯片的 96 位长唯一身份号为"67062227526980480 66FFF52H"。

1.6 STM32F103 异常与中断

STM32F103C8T6 微控制器具有 10 个异常和 43 个中断,中断优先级一号为 16。异常与中断的地址范围为 0x0～0x012C,如表 1-4 所示。

表 1-4　STM32F103ZET6 异常与中断向量表

中断号	优先级号	地　　址	异常/中断名	描　　述
	无	0x000	无	保留
	—3	0x004	Reset	复位异常
	—2	0x008	NMI	不可屏蔽异常
	—1	0x00C	HardFault	系统硬件访问异常
	0	0x010	MemManage	存储管理异常
	1	0x014	BusFault	总线访问异常
	2	0x018	UsageFault	未定义指令异常
	无	0x01C～0x02B	无	保留
	3	0x02C	SVC	系统服务调用异常
	4	0x030	DebugMon	调试器异常
	无	0x034	无	保留
	5	0x038	PendSV	请求系统服务异常
	6	0x03C	SysTick	系统节拍定时器异常
0	7	0x040	WWDG	加窗看门狗中断
1	8	0x044	PVD	可编程电压检测中断
2	9	0x048	TAMPER	备份寄存器篡改中断
3	10	0x04C	RTC	实时时钟中断
4	11	0x050	Flash	Flash 中断
5	12	0x054	RCC	RCC 中断
6	13	0x058	EXTI0	外部中断 0
7	14	0x05C	EXTI1	外部中断 1
8	15	0x060	EXTI2	外部中断 2
9	16	0x064	EXTI3	外部中断 3
10	17	0x068	EXTI4	外部中断 4
11	18	0x06C	DMA1_Channel1	DMA1 通道 1 中断
12	19	0x070	DMA1_Channel2	DMA1 通道 2 中断
13	20	0x074	DMA1_Channel3	DMA1 通道 3 中断
14	21	0x078	DMA1_Channel4	DMA1 通道 4 中断
15	22	0x07C	DMA1_Channel5	DMA1 通道 5 中断
16	23	0x080	DMA1_Channel6	DMA1 通道 6 中断
17	24	0x084	DMA1_Channel7	DMA1 通道 7 中断

续表

中断号	优先级号	地 址	异常/中断名	描 述
18	25	0x088	ADC1_2	ADC1 和 ADC2 中断
19	26	0x08C	USB_HP_CAN_TX	USB 高优先或 CAN 发送中断
20	27	0x090	USB_LP_CAN_RX0	USB 低优先或 CAN 接收 0 中断
21	28	0x094	CAN_RX1	CAN 接收 1 中断
22	29	0x098	CAN_SCE	CAN SCE 中断
23	30	0x09C	EXTI9_5	外部中断 5~9
24	31	0x0A0	TIM1_BRK	定时器 1 中止中断
25	32	0x0A4	TIM1_UP	定时器 1 更新中断
26	33	0x0A8	TIM1_TRG_COM	定时器 1 跳变中断
27	34	0x0AC	TIM1_CC	定时器 1 捕获比较中断
28	35	0x0B0	TIM2	定时器 2 中断
29	36	0x0B4	TIM3	定时器 3 中断
30	37	0x0B8	TIM4	定时器 4 中断
31	38	0x0BC	I2C1_EV	I^2C1 事件中断
32	39	0x0C0	I2C1_ER	I^2C1 错误中断
33	40	0x0C4	I2C2_EV	I^2C2 事件中断
34	41	0x0C8	I2C2_ER	I^2C2 错误中断
35	42	0x0CC	SPI1	SPI1 中断
36	43	0x0D0	SPI2	SPI2 中断
37	44	0x0D4	USART1	USART1 中断
38	45	0x0D8	USART2	USART2 中断
39	46	0x0DC	USART3	USART3 中断
40	47	0x0E0	EXTI15_10	外部中断 10~15
41	48	0x0E4	RTCAlarm	实时时钟报警中断
42	49	0x0E8	USBWakeUp	USB 通过 EXTI 输入唤醒中断

表 1-4 中,优先级号越小,优先级就越高,因此,复位异常的优先级最高(优先级号为-3),并且,Reset、NMI、HardFault 3 个异常的优先级是固定的,其余的优先级可以配置。STM32F103C8T6 只有 16 个中断优先级,但是有 43 个中断,如果两个中断的优先级号相同,则按表 1-4 中的自然"优先级"排序,自然优先级号小的优先级高。关于中断的处理方法与优先级配置等内容将在第 4 章阐述。

当表 1-4 中的某个异常或中断被触发后,程序计数器(Program Counter,PC)指针将跳转到表 1-4 中该异常或中断的地址处执行,该地址处存放着一条跳转指令,跳转到该异常或中断的服务函数中去执行相应的功能。因此,异常与中断向量表只能用汇编语言编写,在Keil MDK 中,有标准的异常与中断向量表文件可以使用,例如,对于 STM32F103C8T6 而言,异常与中断向量表文件为 startup_stm32f10x_md.s。在文件 startup_stm32f10x_md.s中,异常服务函数的函数名为表 1-4 中的异常名后添加"_Handler",例如,系统节拍定时器异常的服务函数为 SysTick_Handler;中断服务函数的函数名为表 1-4 中的中断名后添加"_IRQHandler",例如,外部中断 3 的中断服务函数为 EXTI3_IRQHandler。

1.7 本章小结

本章详细介绍了 STM32F103C8T6 微控制器的特点、引脚定义、内部架构、时钟系统、存储器配置等,简要介绍了 STM32F103C8T6 微控制器的片内外设及异常与中断管理等。本章内容是全书的基础,芯片的存储器、片内外设和中断系统合称为芯片的三要素,需要认真学习和掌握。在后面章节中将对相应外设的工作原理和寄存器情况等展开全面、翔实的论述。建议在本章学习的基础上,深入阅读 STM32F103 芯片用户手册和参考手册,达到全面掌握 STM32F103C8T6 微控制器硬件知识的目的,这需要一个月甚至更久的时间。在充分学习了 STM32F103 微控制器硬件知识之后,才能进一步学习第 2 章基于 STM32F103C8T6 芯片的硬件学习平台。

习题

1. STM32F103C8T6 微控制器的主要特点有哪些? 根据这些特点,将其与 8051 单片机 AT89S52 进行对比分析。

2. 简要说明 STM32F103C8T6 微控制器的存储器配置。

3. 简要阐述 STM32F103C8T6 微控制器各个片内外设的含义。

4. 阐述 STM32F103C8T6 微控制器的中断向量表的结构。

第2章 STM32F103C8T6学习平台

本书使用的 STM32F103C8T6 学习平台如图 2-1 所示,包括 1 台 J-Link V9 仿真器和 1 套 STM32F103C8T6 学习板,板载 1 片 STM32F103C8T6 微控制器、ESP-01 Wi-Fi 模块、128×64 点阵 OLED 显示屏等资源。在图 2-1 的基础上,将＋5V 电源适配器连接到 STM32F103C8T6 学习板上,将 J-Link V9 仿真器的另一端连接到计算机的一个 USB 口。本书使用的笔记本计算机配置为 Intel Core I7 9750H 处理器、24GB 内存、1TB 硬盘、15.6 寸液晶显示屏和 Windows 11 操作系统,现有流行的计算机配置均可实现本书的学习与实验工作。在计算机上,需要安装 Keil MDK v5.39(截至本书写作完成时的最新版本,由于软件系统具有向下兼容性,建议使用 Keil 公司最新发布的版本)集成开发环境等软件。这样,STM32F103C8T6 微控制器的学习实验环境就建立起来了。

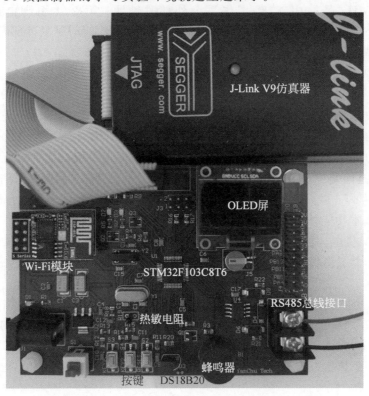

图 2-1 STM32F103C8T6 学习平台

　　为了教学方便,本章将展示后续章节中用到的 STM32F103C8T6 学习板的各个硬件模块的原理图,包括 STM32F103C8T6 核心电路,电源电路,LED 灯与蜂鸣器驱动电路,按键控制电路,温度测量电路,RS485 总线电路,Wi-Fi 接口、OLED 屏接口和扩展接口,JTAG接口、电池接口与 BOOT 控制电路等。需要说明的是,本章给出的这些电路原理图是完整的,可组合成如图 2-1 所示的 STM32F103C8T6 学习板电路图,建议学生自行设计制作该学习板,增强学习效果,提高学习乐趣。

　　本章的学习目标:

- 了解嵌入式系统通用硬件电路的结构;
- 熟悉 STM32F103C8T6 核心电路与常用外设电路;
- 掌握 STM32F103C8T6 最小系统。

2.1　STM32F103C8T6 核心电路

　　STM32F103C8T6 有 48 个引脚,其中,通用输入/输出口有 4 组,记为 PA~PD,PA 和PB 口每组有 16 位,即各占用 16 个引脚;PC 口占用 3 个引脚;PD 口占用 2 个引脚。因此,全部 PA~PD 占用了 37 个引脚,每个 GPIO 都复用了多个功能。其余的 11 个引脚为与电源管理和时钟管理等相关的引脚。

　　STM32F103C8T6 核心电路如图 2-2 所示。

　　在图 2-2 中,STM32F103C8T6 微控制器的第 5、6 引脚借助于网络标号 OSCIN 和OSCOUT 与 8MHz 晶振相连接,用作系统外部时钟源;第 3、4 引脚借助于网络标号OSC32IN 和 OSC32OUT 与 32.768kHz 晶振相连接,用作实时时钟的外部时钟源;C5~C8为 0.1μF 的电源滤波电容,在制作印制电路板(Printed Circuit Board,PCB)时,应分别与第9、24、36、48 引脚相连接,并且每个滤波电容应放置在对应的电源引脚附近,从而起到电源滤波的效果。

　　在图 2-2 中,STM32F103C8T6 微控制器的第 1 引脚为 VBAT,用于连接电池电源正极,当系统掉电后,VBAT 可保持片内实时时钟正常工作。第 44 脚 BOOT0 用于控制启动方式,一般接低电平,参考 2.8 节图 2-9,将 J3 的第 3、5 引脚短接。第 7 脚为 NRST,为低电平复位引脚,通过网络标号 RESET 与 2.4 节图 2-5 中的按键 S2 相连接,即按下 S2 后将复位 STM32F103C8T6 微控制器。

　　除了上述基本功能外,STM32F103C8T6 学习板上集成了以下功能:

　　(1) 单+5V 供电,具有一个开关 S1 和一个上电指示 LED 灯 D1,参考 2.2 节图 2-3;

　　(2) 具有 2 个工作状态指示 LED 灯 D2 和 D3,依次由 PC13 和 PB9 控制,参考 2.3 节图 2-4;

　　(3) 具有一个直流电源控制的蜂鸣器 B1,由 PB15 引脚控制,参考 2.3 节图 2-4;

　　(4) 具有一个复位按键 S2 和两个用户按键 S3、S4,用户按键与 PA6 和 PA7 相连接,参考 2.4 节图 2-5;

　　(5) 具有一个热敏电阻和一个温度传感器 DS18B20,分别与 PA1 和 PB0 相连接,参考2.5 节图 2-6;

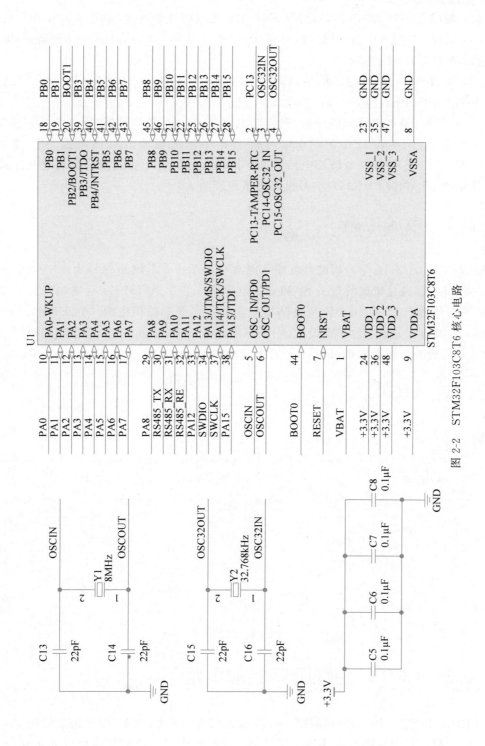

图 2-2 STM32F103C8T6 核心电路

（6）具有一个 RS485 总线接口，收发端口分别与 PA10 和 PA9 相连接，控制端口与 PA11 相连接，参考 2.6 节图 2-7；

（7）集成了一个 Wi-Fi 接口，可与 ESP-01S 无线模块相连接，参考 2.7 节图 2-8；

（8）集成了一个 OLED 屏接口，可与 0.96 寸（1 寸＝3.33cm）128×64 分辨率 OLED 屏相连接，参考 2.7 节图 2-8；

（9）具有一个 20 脚的扩展接口，扩展的引脚有 PA0、PA4、PA5、PA8、PA12、PA15、PB1、PB3～PB5、PB8、PB10～14，参考 2.7 节图 2-8；

（10）支持 SWD 串行调试功能，支持电池供电，并可配置启动模式，参考 2.8 节图 2-9。

下面将介绍 STM32F103C8T6 学习板上各个功能模块的具体电路，图 2-2 所示的 STM32F103C8T6 微控制器核心电路借助于网络标号与各个功能模块实现电气连接，从而形成完整的 STM32F103C8T6 学习板的电路原理图。

2.2 电源电路

STM32F103C8T6 学习板的外部输入电源电压为＋5V，网络标号为＋5V，由图 2-3 中的 J1 接口输入，通过带锁的开关 S1 和直流电源调压芯片 AMS1117 后输出＋3.3V 直流电源，网络标号为＋3.3V，用作整个电路板上的数字电源和模拟电源。在 STM32F103C8T6 学习板上，没有区分数字地和模拟地，均用网络标号 GND 表示，在做印制电路板时，数字地和模拟地应分开布线和敷铜，最后在一个焊盘处相连接。

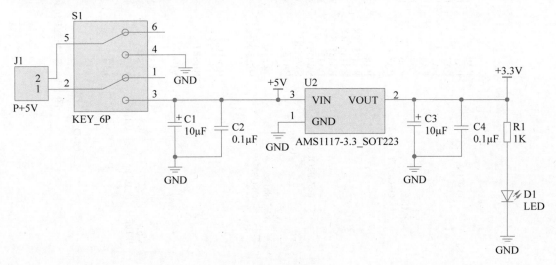

图 2-3　电源电路

2.3 LED 灯与蜂鸣器驱动电路

LED 灯与蜂鸣器驱动电路如图 2-4 所示。在图 2-4 中，PB15 用于控制蜂鸣器，这里使用了有源蜂鸣器（即内部有振荡器和发声器，只需要施加电源输入就可以固定频率鸣叫）；PC13 和 PB9 依次控制 LED 灯 D2 和 D3。S8050 为 NPN 型三极管，当网络标号 PB15 为低电平时,Q1 截止,蜂鸣器 B1 静默;当 PB15 为高电平时,Q1 导通,蜂鸣器 B1 鸣叫。LED 灯 D2 和 D3 的驱动原理相似,对于 D2 而言:当 PC13 输出低电平时,BCX71 三极管 Q2 截止, D2 熄灭;当 PC13 输出高电平时,Q2 导通,D2 亮;对于 D3 而言:当 PB9 输出低电平时, Q3 截止,D3 灭;当 PB9 输出高电平时,Q3 导通,D3 亮。

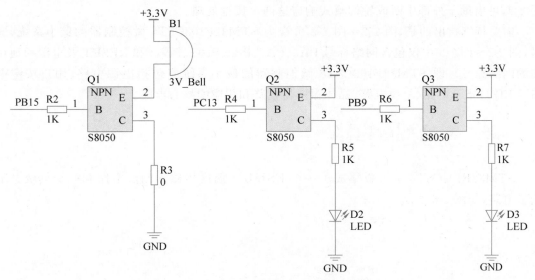

图 2-4　LED 灯与蜂鸣器驱动电路

在图 2-4 中,通过网络标号 PB15、PC13 和 PB9 与 STM32F103C8T6 微控制器的 PB15、 PC13 和 PB9 引脚相连接,参考图 2-2。

2.4　按键控制电路

STM32F103C8T6 学习板上共有 3 个常开按键,即 RESET 复位按键 S2 和用户按键 S3 与 S4,如图 2-5 所示。

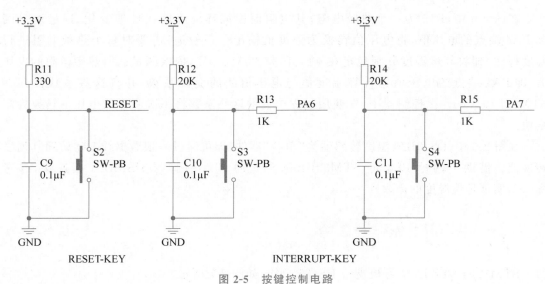

图 2-5　按键控制电路

在图 2-5 中,S2 为复位按键,STM32F103C8T6 微控制为低电平复位,按下 S2 将使 RESET 网标为低电平,网标 RESET 与图 2-2 中 STM32F103C8T6 微控制器的 NRST 引脚相连,RESET 网标的瞬时低电平将复位 STM32F103C8T6 微控制器。S3 和 S4 为用户按键,通过网标 PA6 和 PA7 与 STM32F103C8T6 微控制器的 PA6 和 PA7 引脚相连接,参考图 2-2,可借助于外部中断或轮询模式响应这两个按键处理。

需要特别指出的是,图 2-2～图 2-5 可视为 STM32F103C8T6 微控制器的最小系统(这时,图 2-2～图 2-5 中仅包含网络标号 PA6、PA7、PB9、PB15、PC13 和 RESET 及电源和地相关的网络标号),即 STM32F103C8T6 微控制器的最小系统应包括电源电路、用户按键电路、LED 灯指示电路、复位电路、晶体振荡器电路和相应的核心电路。

2.5　温度测量电路

STM32F103C8T6 学习板集成了一个 DS18B20 温度传感器测温电路和一个热敏电阻测量电路,如图 2-6 所示。

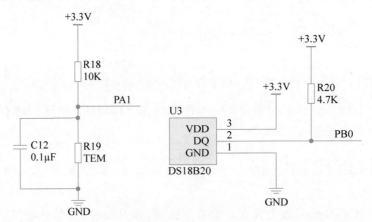

图 2-6　温度测量电路

在图 2-6 中,R19 为一个热敏电阻,其电阻值根据环境温度线性地变化,通过测量网标 PA1 端点的电压值,将电压值转换为温度值输出。一般地,需要对每个热敏电阻进行温度标注,即将环境温度分别稳定在 0℃、10℃、20℃、30℃,依次测量此时热敏电阻的电压值(即 PA1 端点的电压值),计算温度值与电压值间的变换系数,并将这些系数保存在 STM32F103C8T6 微控制器中,在使用过程中借助这些系数将每次测得的电压值转换为温度值。

在图 2-6 中,DS18B20 温度传感器为"单线"器件,即可通过一根数据线 DQ 访问其温度转换值。借助于网标 PB0 将 STM32F103C8T6 的 PB0 引脚与 DS18B20 相连接,参考图 2-2,实现环境温度的读取。

2.6　RS485 总线电路

STM32F103C8T6 学习板支持 RS485 总线,如图 2-7 所示。

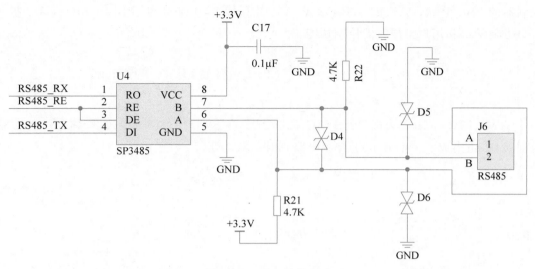

图 2-7 RS485 总线电路

在图 2-7 中,通过电平转换芯片 SP3485 实现 STM32F103C8T6 与上位机的串行通信。STM32F103C8T6 微控制器的串口外设通过网络标号 RS485_TX、RS485_RX 和 RS485_RE 按 RS-485 电气标准与上位机进行异步串行通信,参考图 2-2。

2.7 Wi-Fi 接口、OLED 屏接口和扩展接口

STM32F103C8T6 学习板具有 Wi-Fi 接口、OLED 屏接口和通用输入/输出扩展接口,如图 2-8 所示。

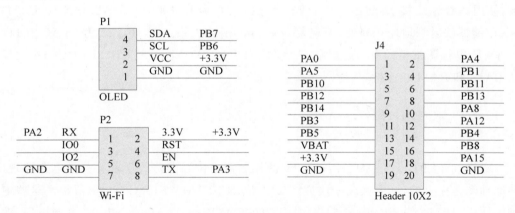

图 2-8 Wi-Fi 接口、OLED 屏接口和扩展接口

在图 2-8 中,P1 表示 OLED 屏接口,通过网络标号 PB6 和 PB7 与 STM32F103C8T6 微控制器相连接,参考图 2-2,STM32F103C8T6 微控制器通过 I^{2}C 总线访问 OLED 屏。P2 表示 Wi-Fi 模块 ESP-01S 的接口单元,STM32F103C8T6 微控制器使用串口通信方式控制 Wi-Fi 模块,借助网络标号 PA2 和 PA3 与图 2-2 中 STM32F103C8T6 微控制器的 PA2 和 PA3 引脚相连接。J4 为扩展接口,共扩展了 16 个通用输入/输出口,包括 STM32F103C8T6 微

控制器的 PA0、PA4、PA5、PA8、PA12、PA15、PB1、PB3~PB5、PB8、PB10~PB14,这个扩展
接口方便学生和用户扩展新的控制功能。

2.8 JTAG 接口、电池接口与 BOOT 控制电路

STM32F103C8T6 学习板具有 JTAG 接口,工作在 SWD 串行调试模式下,具有一个 3.3V
电池接口,还集成了一个 BOOT 控制电路,如图 2-9 所示。

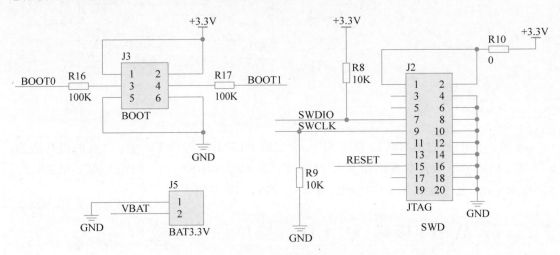

图 2-9   JTAG 接口、电池接口和 BOOT 控制电路

在图 2-9 中,J5 为电池接口,网络标号 VBAT 接电池正极。J3 为 BOOT 控制电路,一
般地,使用跳线帽短接 J3 的第 3、5 引脚,使 BOOT0 为低电平,表示 STM32F103C8T6 的
Flash 存储器映射到地址 0x0 处,上电复位后,从 Flash 中执行程序。J2 为 JTAG 接口,工
作在 SWD 串行调试模式下,通过网络标号 SWDIO、SWCLK 与 STM32F103C8T6 微控制
器的 PA13 和 PA14 相连接,参考图 2-2。

2.9 本章小结

本章详细介绍了以 STM32F103C8T6 微控制器为核心电路的学习实验板电路原理图,
这些原理图是完整的,可以做成一块如图 2-1 所示的 STM32F103C8T6 学习板。这些电路
原理图使用 Altium Designer 15 制作,共分为 STM32F103C8T6 核心电路,电源电路,按键
控制电路,温度测量电路,LED 灯与蜂鸣器驱动电路,RS485 总线电路,Wi-Fi 接口、OLED
屏接口和扩展接口,JTAG 接口、电池接口与 BOOT 控制电路等模块,要求读者结合各个硬
件模块的芯片资料进一步加强对电路原理的认识,这需要一定的学习时间,这些电路模块是
后续章节程序设计内容的硬件基础。

▛▙ 习题　　◆

1. 设计一个 STM32F103C8T6 最小电路系统。

2. 简要阐述本章给出的学习平台实现的功能。

3. 简要阐述 STM32F103C8T6 微控制器驱动 LED 灯的工作原理。

4. 说明 OLED 屏驱动电路的工作原理。

5. 借助于 Altium Designer 软件设计本章给出的学习平台，并制作 PCB 进行样机的焊装与调试。

第3章 LED灯控制程序设计

本章将介绍 STM32F103C8T6 微控制器的通用输入/输出口(GPIO)及其相关的寄存器,阐述 STM32F103 库函数访问 GPIO 口的方法,讲述 Keil MDK 集成开发环境的应用技巧和工程框架设计,并借助 LED 灯的闪烁实例详细说明 GPIO 的具体操作方法。

本章的学习目标:

* 了解 STM32F103 通用输入/输出口寄存器;
* 熟悉基于 STM32CubeMX 的硬件抽象层 HAL 设计方法;
* 掌握 Keil MDK 工程框架;
* 熟练应用寄存器和 HAL 技术进行工程设计。

3.1 STM32F103 通用输入/输出口

STM32F103C8T6 微控制器具有 4 个 GPIO,记为 GPIOx(x = A,B,C,D),共占用了 37 个引脚,其中,GPIOA 和 GPIOB 各占用 16 个引脚,记为 Px0~Px15(x = A,B);GPIOC 只占用 3 个引脚,即 PC13~PC15;GPIOD 只占用 2 个引脚,即 PD0~PD1。每个 GPIO 引脚的内部结构如图 3-1 所示。

如图 3-1 所示,GPIO 具有输入和输出两个通道,对于输入通道而言,还具有模拟输入和替换功能(Alternate Function)输入通道;对于输出通道而言,还具有替换功能输出通道。图 3-1 中的 V_{DD}/V_{DD_FT} 表示对于兼容 5V 电平输入的端口使用 VDD_FT,对于 3.3V 电平输入的端口使用 V_{DD}。

图 3-1 表明,GPIO 作为数字输入/输出口,通过读"输入数据寄存器"读入外部端口的输入数字电平信号,通过写"置位/清零寄存器"和"输出数据寄存器"向端口输出数字电平信号,并且可读出"输出数据寄存器"中的数字信号。

由图 3-1 中的 3 个"开关"和"输出控制"可知,GPIO 具有以下工作模式。

(1) 输入悬空(开关 1 和开关 2 均打开)。

(2) 输入上拉有效(开关 1 闭合,开关 2 打开)。

(3) 输入上拉和下拉均有效模式(开关 1 和开关 2 均闭合)。

(4) 模拟输入(开关 1 和开关 2 均打开,开关 3 关闭)。

(5) 输出开漏方式(当输出高电平时,"输出控制"关闭 P-MOS 管和 N-MOS 管;当输出低电平时,"输入控制"关闭 P-MOS 管并打开 N-MOS 管)。

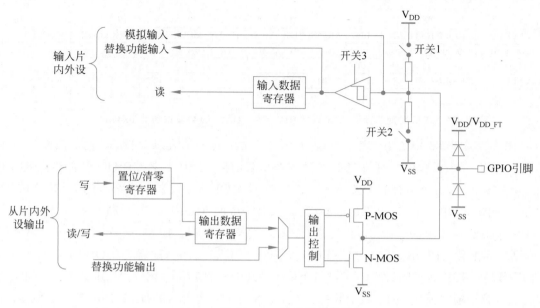

图 3-1 每个 GPIO 引脚的内部结构

（6）输出推挽方式（当输出高电平时，"输出控制"打开 P-MOS 管并关闭 N-MOS 管；当输出低电平时，"输出控制"关闭 P-MOS 管并打开 N-MOS 管）。

（7）替换功能输入（开关 1、开关 2 和开关 3 均关闭）。

（8）替换功能推挽输出（当输出高电平时，"输出控制"打开 P-MOS 管并关闭 N-MOS 管；当输出低电平时，"输出控制"关闭 P-MOS 管并打开 N-MOS 管）。

（9）替换功能开漏输出（当输出高电平时，"输出控制"关闭 P-MOS 管和 N-MOS 管；当输出低电平时，"输出控制"关闭 P-MOS 管并打开 N-MOS 管）。

当 GPIO 作替换功能时，记为 AFIO，每个 GPIO 的替换功能见第 1 章表 1-1。GPIO 和 AFIO 具有各自独立的寄存器，下面依次介绍 GPIO 和 AFIO 相关的寄存器。

3.1.1 GPIO 寄存器

每个 GPIO 具有 7 个寄存器，即 2 个 32 位的配置寄存器（GPIOx_CRL 和 GPIOx_CRH）、2 个 32 位的数据寄存器（GPIOx_IDR 和 GPIOx_ODR），1 个 32 位的置位/清零寄存器（GPIOx_BSRR）、1 个 16 位的清零寄存器（GPIOx_BRR）和 1 个 32 位的配置锁定寄存器（GPIOx_LCKR）。这里 x＝A，B，C，D，各个 GPIO 寄存器的基地址可查图 1-4，每个寄存器的读/写操作必须按整个字（32 位）进行，各个寄存器的详细情况如下所述。

端口配置寄存器 GPIOx_CRL 和 GPIOx_CRH 如图 3-2 和图 3-3 所示（摘自 STM32F103 参考手册）。

31	30	29	28	27	26	25	24	23	22	21	20	19	18	17	16
CNF7[1:0]		MODE7[1:0]		CNF6[1:0]		MODE6[1:0]		CNF5[1:0]		MODE5[1:0]		CNF4[1:0]		MODE4[1:0]	
rw	rw	rw	rw	rw	rw	rw	rw	rw	rw	rw	rw	rw	rw	rw	rw

15	14	13	12	11	10	9	8	7	6	5	4	3	2	1	0
CNF3[1:0]		MODE3[1:0]		CNF2[1:0]		MODE2[1:0]		CNF1[1:0]		MODE1[1:0]		CNF0[1:0]		MODE0[1:0]	
rw	rw	rw	rw	rw	rw	rw	rw	rw	rw	rw	rw	rw	rw	rw	rw

图 3-2 端口配置寄存器 GPIOx_CRL（偏移地址为 0x0，复位值为 0x4444 4444）

31	30	29	28	27	26	25	24	23	22	21	20	19	18	17	16
CNF15[1:0]		MODE15[1:0]		CNF14[1:0]		MODE14[1:0]		CNF13[1:0]		MODE13[1:0]		CNF12[1:0]		MODE12[1:0]	
rw	rw	rw	rw	rw	rw	rw	rw	rw	rw	rw	rw	rw	rw	rw	rw
15	14	13	12	11	10	9	8	7	6	5	4	3	2	1	0
CNF11[1:0]		MODE11[1:0]		CNF10[1:0]		MODE10[1:0]		CNF9[1:0]		MODE9[1:0]		CNF8[1:0]		MODE8[1:0]	
rw	rw	rw	rw	rw	rw	rw	rw	rw	rw	rw	rw	rw	rw	rw	rw

图 3-3　端口配置寄存器 GPIOx_CRH（偏移地址为 0x4,复位值为 0x4444 4444）

图 3-2 和图 3-3 中的 rw 表示可读/可写,下文出现的 r 表示只读,w 表示只写。每个 GPIO 占用 16 个引脚(注:由于芯片的总引脚数量有限,GPIOC 和 GPIOD 仅有部分引脚可用,参考图 2-2),每个引脚的配置需要一个 2 位的 MODE 位域和一个 2 位的 CNF 位域,在图 3-2 和图 3-3 中,GPIOx_CRL 或 GPIOx_CRH 中的 MODEy[1:0] 和 CNFy[1:0]($y=0,1,\cdots,7$ 或 $y=8,9,\cdots,15$)用于配置 GPIOx 的第 y 引脚。例如,配置 GPIOB 的第 6 引脚,则需要配置 GPIOB_CRL 的 CNF6[1:0] 和 MODE6[1:0],配置 GPIOB 的第 11 引脚,则需要配置 GPIOB_CRH 的 CNF11[1:0] 和 MODE11[1:0]。各个 MODE[1:0] 的含义为:00b 表示输入模式;01b 表示输出模式,最大时钟速率为 10MHz;10b 表示输出模式,最大时钟速率为 2MHz;11b 表示输出模式,最大时钟速率为 50MHz。各个 CNF[1:0] 的含义如下。①如果 MODE[1:0]=00b,CNF[1:0] 为 00b 表示模拟输入;01b 表示悬空输入;10b 表示带上拉和下拉的输入;11b 保留。②如果 MODE[1:0]>00b,即为输出模式时,CNF[1:0] 为 00b 表示带推挽数字输出;01b 表示开漏数字输出;10b 表示替换功能推挽输出;11b 表示替换功能开漏输出。

32 位的端口输入数据寄存器 GPIOx_IDR(偏移地址为 0x08)只有低 16 位有效,每位记为 IDRy($y=0,1,\cdots,15$),包含相应端口的输入数字信号。

32 位的端口输出数据寄存器 GPIOx_ODR(偏移地址为 0x0C,复位值为 0x0)只有低 16 位有效,各位记为 ODRy,写入 GPIOx_ODR 中的数据将被输出到端口上。同时,该寄存器的值可以被读出。

32 位的端口置位/清零寄存器 GPIOx_RSRR(偏移地址为 0x10,复位值为 0x0),可以单独置位或清零某个 GPIO 引脚。GPIOx_RSRR 高 16 位的每位记为 BRy($y=0,1,\cdots,15$),低 16 位的每位记为 BSz($z=0,1,\cdots,15$),如图 3-4 所示(摘自 STM32F103 参考手册)。

31	30	29	28	27	26	25	24	23	22	21	20	19	18	17	16
BR15	BR14	BR13	BR12	BR11	BR10	BR9	BR8	BR7	BR6	BR5	BR4	BR3	BR2	BR1	BR0
w	w	w	w	w	w	w	w	w	w	w	w	w	w	w	w
15	14	13	12	11	10	9	8	7	6	5	4	3	2	1	0
BS15	BS14	BS13	BS12	BS11	BS10	BS9	BS8	BS7	BS6	BS5	BS4	BS3	BS2	BS1	BS0
w	w	w	w	w	w	w	w	w	w	w	w	w	w	w	w

图 3-4　端口置位/清零寄存器 GPIOx_RSRR

图 3-4 中的 BRy 和 BSz 写入 0 无效;BRy 写入 1,则清零相应的端口引脚;BSz 写入 1,则置位相应的端口引脚。例如,使 GPIOB 的第 5 引脚输出高电平,则使用语句"GPIOB_RSRR=(1uL << 5);";使 GPIOB 口的第 11 引脚输出低电平,则使用语句"GPIOB_RSRR = (1uL << 11)<< 16;"。如果使用端口输出数据寄存器 GPIOB_ODR,则上述两个操作为"读出—修改—写回"处理,其语句为"GPIOB_ODR &=~(1uL << 5);"和"GPIOB_ODR |=

（1uL≪11）"，显然，直接写寄存器 GPIOB_RSRR 速度更快。

上述使用 GPIOx_RSRR 清零某个 GPIO 的特定引脚时，有一个左移 16 位（"≪16"）的操作，因为清零寄存器位于 GPIOx_RSRR 的高 16 位，为了省掉这个操作，GPIO 还具有一个 16 位的端口清零寄存器 GPIOx_BRR（偏移地址为 0x14，复位值为 0x0），每位记为 BRy（y = 0,1,…,15），各位写入 0 无效，写入 1 清零相应的端口引脚。例如，使 GPIOB 口的第 11 引脚输出低电平，则可使用语句"GPIOB_BRR =（1uL≪11）;"。

配置锁定寄存器 GPIOx_LCKR（偏移地址为 0x18，复位值为 0x0），用于锁定配置寄存器 GPIOx_CRL 和 GPIOx_CRH 的值，如图 3-5 所示。

31	30	29	28	27	26	25	24	23	22	21	20	19	18	17	16
							Reserved								LCKK
															rw
15	14	13	12	11	10	9	8	7	6	5	4	3	2	1	0
LCK15	LCK14	LCK13	LCK12	LCK11	LCK10	LCK9	LCK8	LCK7	LCK6	LCK5	LCK4	LCK3	LCK2	LCK1	LCK0
rw	rw	rw	rw	rw	rw	rw	rw	rw	rw	rw	rw	rw	rw	rw	rw

图 3-5 配置锁定寄存器 GPIOx_LCKR

在图 3-5 中，LCK[15:0] 对应着 GPIO 口的 16 个引脚，例如，LCKy = 1，则 GPIO 的第 y 脚的配置被锁定，如果 LCKy = 0，则其配置是可以更新的。一旦某个 GPIO 引脚的配置被锁定，只有再次"复位 GPIO"，才能解锁。锁定某个引脚的配置的方法为使该引脚对应的 LCKy 为 1，然后，向 LCKK 顺序执行：写入 1、写入 0、写入 1、读出 0、读出 1（其间 LCK[15:0] 的值不能改变）。例如，要锁定 GPIOB 口的第 5 脚和第 11 脚的配置，则使用以下语句："GPIOB_LCKR =（1uL≪11）|（1uL≪5）; GPIOB_LCKR =（1uL≪16）|（1uL≪11）|（1uL≪5）; GPIOB_LCKR =（1uL≪11）|（1uL≪5）; GPIOB_LCKR =（1uL≪16）|（1uL≪11）|（1uL≪5）; v1 = GPIOB_LCKR; v2 = GPIOB_LCKR;"（这里 v1 和 v2 为无符号 32 位整型变量）。

上面提到的"复位 GPIO"是由复位与时钟控制模块管理的，此外，在使用 GPIO 模块（或其他外设模块）前，必须通过 RCC 给相应的模块提供时钟源，相关的寄存器有 APB2 外设复位寄存器（RCC_APB2RSTR，偏移地址为 0x0C）和 APB2 外设时钟有效寄存器（RCC_APB2ENR，偏移地址为 0x18），由图 1-4 可知，RCC 模块的基地址为 0x4002 1000。

APB2 外设复位寄存器 RCC_APB2RSTR（复位值为 0x0）和 APB2 外设时钟有效寄存器 RCC_APB2ENR（复位值为 0x0）分别如图 3-6 和图 3-7 所示。

31	30	29	28	27	26	25	24	23	22	21	20	19	18	17	16
							Reserved								
15	14	13	12	11	10	9	8	7	6	5	4	3	2	1	0
ADC3 RST	USART1 RST	TIM8 RST	SPI1 RST	TIM1 RST	ADC2 RST	ADC1 RST	IOPG RST	IOPF RST	IOPE RST	IOPD RST	IOPC RST	IOPB RST	IOPA RST	Res.	AFIO RST
rw	rw	rw	rw	rw	rw	rw	rw	rw	rw	rw	rw	rw	rw	Res.	rw

图 3-6 APB2 外设复位寄存器 RCC_APB2RSTR

由图 3-6 和图 3-7 可知，这两个寄存器只有低 16 位有效（Reserved 和 Res. 表示保留），从第 15 位至第 0 位依次表示 ADC3、USART1、TIM8、SPI1、TIM1、ADC2、ADC1、GPIOG、

31	30	29	28	27	26	25	24	23	22	21	20	19	18	17	16
							Reserved								

15	14	13	12	11	10	9	8	7	6	5	4	3	2	1	0
ADC3 EN	USART 1EN	TIM8 EN	SPI1 EN	TIM1 EN	ADC2 EN	ADC1 EN	IOPG EN	IOPF EN	IOPE EN	IOPD EN	IOPC EN	IOPB EN	IOPA EN	Res.	AFIO EN
rw	rw	rw	rw	rw	rw	rw	rw	rw	rw	rw	rw	rw	rw		rw

图 3-7　APB2 外设时钟有效寄存器 RCC_APB2ENR

GPIOF、GPIOE、GPIOD、GPIOC、GPIOB、GPIOA、保留、AFIO 的复位与时钟控制（注：其中某些位（如 ADC3、TIM8、GPIOG～GPIOE 等）对 STM32F103C8T6 无效）。对于图 3-6 中的 RCC_APB2RSTR 寄存器，各位写入 0 无效，写入 1 则复位相应的片上外设；对于图 3-7 中的 RCC_APB2ENR 寄存器，各位写入 0 关闭相应外设的时钟，写入 1 开放相应外设的时钟。例如，要使用 GPIOB 口，则需要执行语句"RCC_ APB2ENR |= RCC_APB2ENR | (1uL << 3);"启动 GPIOB 口的时钟源。

3.1.2　AFIO 寄存器

AFIO 寄存器的基地址为 0x4001 0000，STM32F103C8T6 共包括 7 个 AFIO 寄存器（复位值均为 0x0），即事件控制寄存器 AFIO_EVCR（偏移地址为 0x0）、替换功能重映射寄存器 AFIO_MAPR（偏移地址为 0x04）、外部中断配置寄存器 AFIO_EXTICR1（偏移地址为 0x08）、外部中断配置寄存器 AFIO_EXTICR2（偏移地址为 0x0C）、外部中断配置寄存器 AFIO_EXTICR3（偏移地址为 0x10）、外部中断配置寄存器 AFIO_EXTICR4（偏移地址为 0x14）和替换功能重映射寄存器 AFIO_MAPR2（偏移地址为 0x1C）。下面依次详细介绍这些寄存器各位的含义。

事件控制寄存器 AFIO_EVCR 如表 3-1 所示。

表 3-1　事件控制寄存器 AFIO_EVCR

位号	名　称	属　性	含　义
31:8			保留
7	EVOE	可读/可写	设为 1，ARM Cortex 内核的 EVENTOUT 事件输出端配置到 PORT[2:0] 和 PIN[3:0] 指定的引脚
6:4	PORT[2:0]	可读/可写	可设为 000b、001b、010b、011b 依次对应 PA、PB、PC、PD 口
3:0	PIN[3:0]	可读/可写	可设为 0000b、0001b、…、1111b 依次对应选定 GPIO 口的第 0 位、第 1 位、…、第 15 位对应的引脚

替换功能重映射寄存器 AFIO_MAPR 如表 3-2 所示。

表 3-2　替换功能重映射寄存器 AFIO_MAPR

位号	名　称	属　性	含　义
31:27			保留
26:24	SWJ_CFG[2:0]	只写	可设为 000b～100b，依次表示 JTAG 和 SW 功能可用、JTAG 和 SW 功能可用（无 NJTRST）、只有 SW 可用、JTAG 和 SW 不可用

续表

位号	名称	属性	含义
23:21			保留
20	ADC2_ETRG_REMAP	可读/可写	清零表示 ADC2 外部常规触发端为 EXTI11,置 1 保留
19	ADC2_ETRGINJ_REMAP	可读/可写	清零表示 ADC2 外部注入触发端为 EXTI15,置 1 保留
18	ADC1_ETRG_REMAP	可读/可写	清零表示 ADC1 外部常规触发端为 EXTI11,置 1 保留
17	ADC1_ETRGINJ_REMAP	可读/可写	清零表示 ADC1 外部注入触发端为 EXTI15,置 1 保留
16	TIM5CH4_IREMAP	可读/可写	对 STM32F103C8T6 无效
15			保留
14:13	CAN_REMAP[1:0]	可读/可写	为 00b,关闭 CAN 通道;为 01b 表示 CAN_RX 与 PB8 连接、CAN_TX 与 PB9 连接;为 10b 表示 CAN_RX 与 PD0 连接、CAN_TX 与 PD1 连接
12	TIM4_REMAP	可读/可写	清零表示 TIM4 无重映射;置 1 表示 TIM4_CH1、TIM4_CH2、TIM4_CH3 和 TIM4_CH4 依次映射到 PD12~PD15
11:10	TIM3_REMAP[1:0]	可读/可写	为 00b 表示 TIM3 无重映射;为 01b 表示保留;为 10b 表示部分映射(CH1/PB4、CH2/PB5);为 11b 表示保留
9:8	TIM2_REMAP[1:0]	可读/可写	为 00b 表示 TIM2 无重映射;为 01b 表示部分映射(CH1/ETR/PA15、CH2/PB3);为 10b 表示部分映射(CH3/PB10、CH4/PB11);为 11b 表示全映射(CH1/ETR/PA15、CH2/PB3、CH3/PB10、CH4/PB11)
7:6	TIM1_REMAP[1:0]	可读/可写	为 00b 表示 TIM1 无重映射;为 01b 表示部分映射(BKIN/PA6、CH1N/PA7、CH2N/PB0、CH3N/PB1);为 10b 表示保留;为 11b 表示保留
5:4	USART3_REMAP[1:0]	可读/可写	为 00b 表示 USART3 无重映射;为 01b 表示部分映射(TX/PC10、RX/PC11、CK/PC12);为 10b 保留;为 11b 保留
3	USART2_REMAP	可读/可写	清零表示 USART2 无重映射;置 1 表示保留
2	USART1_REMAP	可读/可写	清零表示 USART1 无重映射;置 1 表示映射关系(TX/PB6、RX/PB7)
1	I2C1_REMAP	可读/可写	清零表示 I^2C1 无重映射;置 1 表示映射关系(SCL/PB8、SDA/PB9)
0	SP11_REMAP	可读/可写	清零表示 SPI 无重映射;置 1 表示映射关系(NSS/PA15、SCK/PB3、MISO/PB4、MOSI/PB5)

外部中断配置寄存器 AFIO_EXTICR1、AFIO_EXTICR2、AFIO_EXTICR3 和 AFIO_EXTICR4 的含义如表 3-3 所示。

表 3-3　外部中断配置寄存器 AFIO_EXTICR1～AFIO_EXTICR4

寄　存　器	位　号	名　称	含　义
AFIO_EXTICR4	31:16	保留	EXTIm[3:0],m=0,1,…,15 表示外部中断 m,可取值为 0000b、0001b、0010b、0011b,依次表示 PA 口、PB 口、PC 口、PD 口。例如,设置 PB 口的第 3 引脚为外部中断 3 的输入端,则配置 EXTI3[3:0] 为 1(即 0001b)
AFIO_EXTICR4	15:12	EXTI15[3:0]	
AFIO_EXTICR4	11:8	EXTI14[3:0]	
AFIO_EXTICR4	7:4	EXTI13[3:0]	
AFIO_EXTICR4	3:0	EXTI12[3:0]	
AFIO_EXTICR3	31:16	保留	
AFIO_EXTICR3	15:12	EXTI11[3:0]	
AFIO_EXTICR3	11:8	EXTI10[3:0]	
AFIO_EXTICR3	7:4	EXTI9[3:0]	
AFIO_EXTICR3	3:0	EXTI8[3:0]	
AFIO_EXTICR2	31:16	保留	
AFIO_EXTICR2	15:12	EXTI7[3:0]	
AFIO_EXTICR2	11:8	EXTI6[3:0]	
AFIO_EXTICR2	7:4	EXTI5[3:0]	
AFIO_EXTICR2	3:0	EXTI4[3:0]	
AFIO_EXTICR1	31:16	保留	
AFIO_EXTICR1	15:12	EXTI3[3:0]	
AFIO_EXTICR1	11:8	EXTI2[3:0]	
AFIO_EXTICR1	7:4	EXTI1[3:0]	
AFIO_EXTICR1	3:0	EXTI0[3:0]	

替换功能重映射寄存器 AFIO_MAPR2 只有第 10 位有效,其余位保留。第 10 位符号为 FSMC_NADV,可读/可写属性,为 0 表示 FSMC_NADV 与外部端口 PB7 相连接;为 1 表示 FSMC_NADV 无连接。对于 STM32F103C8T6 微控器而言,寄存器 AFIO_MAPR2 无意义。

3.2　STM32CubeMX 安装与用法

STM32CubeMX 是意法半导体公司开发的一款图形方式配置 STM32 芯片片内外设工作模式的软件,截至本书出版前,其最新版本号为 6.11.1。从意法半导体官网下载安装程序 SetupSTM32CubeMX-6.11.1-Win.exe,按照安装向导提示安装好 STM32CubeMX 软件,默认安装目录为 C:\Program Files\STMicroelectronics\STM32Cube\STM32CubeMX,安装完成后将自动生成名称为 STM32CubeMX 的桌面快捷方式图标。

双击桌面图标 STM32CubeMX 启动 STM32CubeMX,如图 3-8 所示,注:需注册为意法半导体用户,并登录才能使用 STM32CubeMX,图 3-8 右上角 Hello Yong 中的 Yong 为用户名;此外,建议读者使用 32 寸以上的显示器配置 STM32CubeMX。

在图 3-8 中,单击菜单 Help 下的子菜单项 Updater Settings,进入图 3-9 所示的界面。

在图 3-9 中,默认 STM32CubeMX 软件包的保存目录为 C:/Users/ZhangYong/STM32Cube/Repository,可重新设定 STM32CubeMX 软件包的保存目录,这里使用了默认目录。然后,回到图 3-8 中,单击菜单 Help 下的 Embedded Software Packages Manager(计算机需联网),进入图 3-10 所示的窗口。

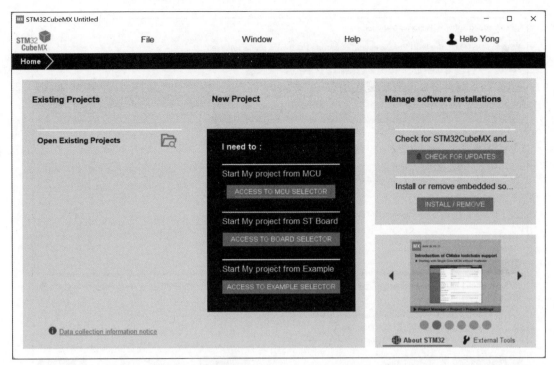

图 3-8　STM32CubeMX 启动界面

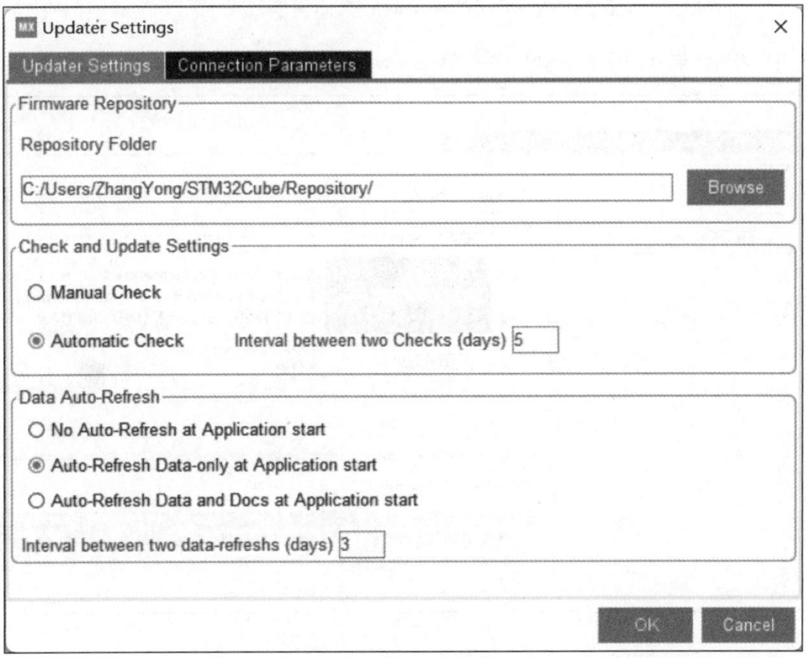

图 3-9　更新配置窗口

　　在图 3-10 中，选中 STM32Cube MCU Packages，然后，单击 Refresh 将自动更新 Description 下的目录，这里选中了 STM32Cube MCU Package for STM32F1 Series，再单击 Install 将自动联网安装该软件包，安装好后如图 3-10 所示。在图 3-10 中，单击 Close 按钮 关闭该窗口回到图 3-8 所示的界面。

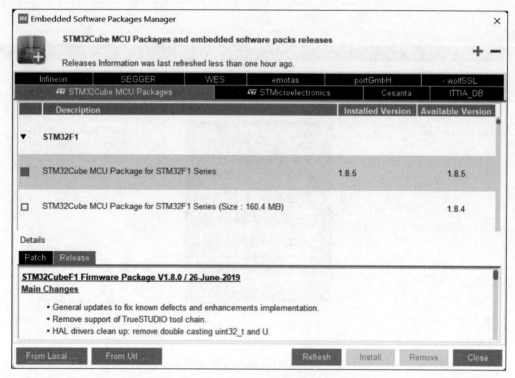

图 3-10　STM32CubeMX 软件包安装界面

在图 3-8 中,单击菜单 File 下的子菜单 New Project,进入图 3-11 所示的界面。

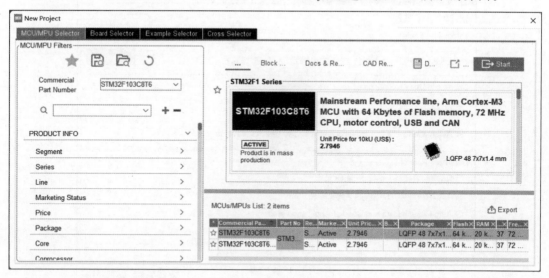

图 3-11　新建工程窗口

在 MCU/MPU Selector 页面,MCU/MPU Filters 框中的 Commercial Part Number 处选择 STM32F103C8T6,再在右下方的 MCUs/MPUs List：2 items 处选择 STM32F103C8T6,然后, 单击右上角的 Start Project(图 3-11 中由于界面缩小而显示为 Start),进入图 3-12 所示的图 形化配置界面。

图 3-12 所示的图形化配置界面中含有 4 个页面,其标签依次为 Pinout & Configuration、

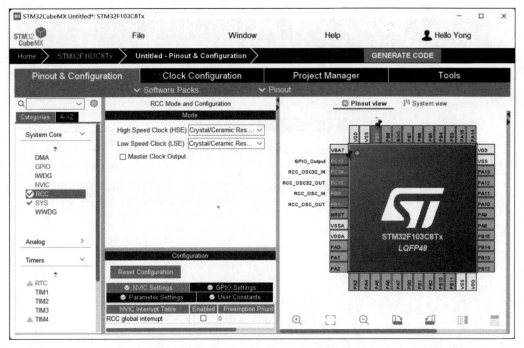

图 3-12　STM32CubeMX 图形化配置界面

Clock Configuration、Project Manager 和 Tools，当前显示的页面为 Pinout & Configuration，这个页面主要用于配置片上外设，这里将片内 HSE 时钟源配置为外部晶体输入（Crystal/Ceramic Res...）（结合图 2-2，外部晶体为 Y1）、将片内 LSE 时钟源配置为外部晶体输入（Crystal/Ceramic Res...）（结合图 2-2，外部晶体为 Y2）。在图 3-12 中右侧的芯片视图中，鼠标依次左击 PB9 和 PC13 引脚，在其弹出菜单中可配置这两个引脚，或者在窗口左侧选中 GPIO，在其相邻的窗口中配置 PB9 和 PC13 引脚，这里将这两个引脚均配置为输出模式且输出高电平，如图 3-13 所示。

在图 3-13 的左下方选择 RTC，如图 3-14 所示，选中 Activate Clock Source，即为实时时钟配置时钟源。

然后，在图 3-12 中选择 Clock Configuration，如图 3-15 所示配置芯片时钟，这部分工作可参考第 1 章图 1-3。

在图 3-15 中选择 Project Manager 页面，如图 3-16 所示，配置 Project 部分，其余部分使用缺省值。

上述 STM32CubeMX 的图形化配置工作主要实现了：STM32F103C8T6 工作时钟的配置；PB9 和 PC13 引脚的配置，由第 2 章图 2-4 可知，PB9 控制 LED 灯 D3，PC13 控制 LED 灯 D2。在图 3-16 中，单击 GENERATE CODE 将弹出如图 3-17 所示的窗口。

图 3-17 中的信息提示代码成功生成，位于目录 D:\STM32F103C8T6HAL\HPrj01\CubeMXPrj 下。此时，单击 Close 按钮关闭对话框，完成 STM32CubeMX 图形化配置过程，后续将在此工程基础上添加新的配置内容。

如果在图 3-17 中单击 Open Project 且计算机中安装了 Keil MDK 5.39 以上版本，则自动启动 Keil MDK，并将打开上述图形化配置的工程 CubeMXPrj，如图 3-18 所示。

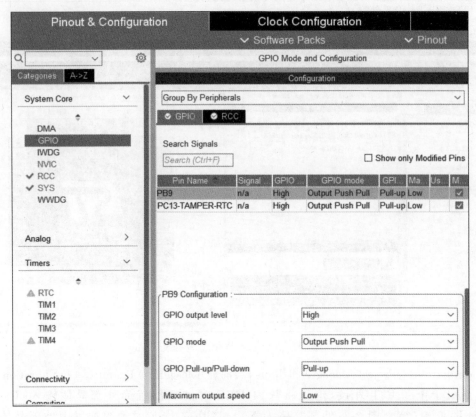

图 3-13　GPIO 配置

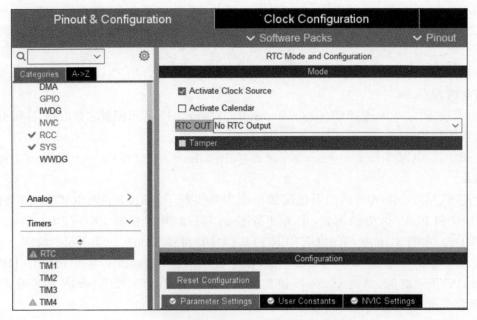

图 3-14　启动实时时钟 RTC 的时钟源

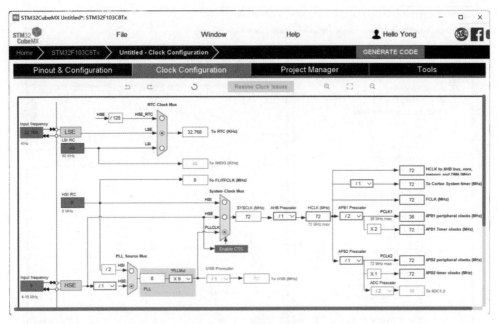

图 3-15 时钟配置

图 3-16 工程管理器 Project Manager 配置界面

图 3-17 代码生成完成对话框

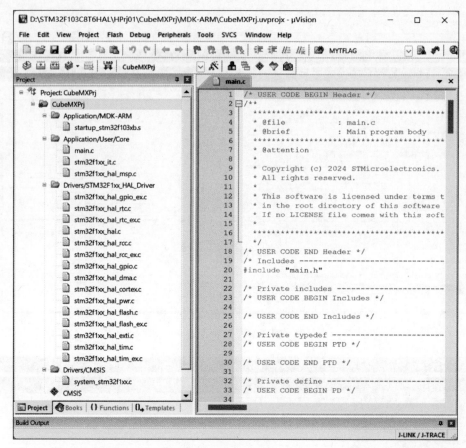

图 3-18   CubeMXPrj 工程

在图 3-18 中,右击 CubeMXPrj,在其弹出菜单中选择 Options for Target 'CubeMXPrj',进入图 3-19 所示的窗口。

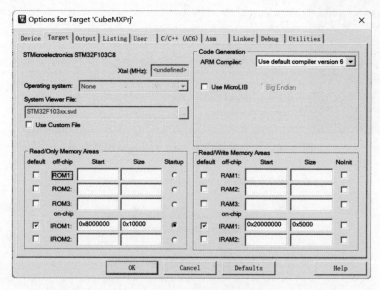

图 3-19   工程 CubeMXPrj 选项配置页面的"Target"页

在图 3-19 中将编译器 ARM Compiler 配置为 Use default compiler version 6，即使用 ARM 编译器 V6.21 版本编译工程，此时，图 3-18 所示的工程 CubeMXPrj 可以成功编译（0 个错误、0 个警告）。下面将在 3.4.2 节继续介绍工程 CubeMXPrj。

▋▋ 3.3　Keil MDK 工程框架 ◆

视频讲解

开发 STM32 微控制器应用程序有 3 种方式：一，借助 Keil MDK 集成开发环境及其提供的 Packs（外设支持包，含 CMSIS（Cortex Microcontroller Software Interface Standard）库，为 ARM 公司开的 Cortex 微控制器软件接口标准，可直接访问硬件）；二，借助于 STM32CubeMX 图形化工具生成工程框架，然后借助于 Keil MDK 或 IAR EWARM 等集成开发环境开发应用程序；三，借助于意法半导体公司开发的 STM32 库函数，借用 Keil MDK 或 IAR EWARM 开发 STM32 微控制器应用程序。需要说明的是，第一种方式是硬件开发者的首选方式，称为寄存器类型工程开发方式；第二种方式是目前意法半导体主推的方式，称为 HAL 工程开发方式，该方式受到了 Linux 嵌入式设计的启发，符合软件工程的设计思路，硬件高度抽象，是无硬件电路基础的控制算法开发者的首选方式；第三种方式是一种成熟的应用设计方式，称为库函数工程开发方式，意法半导体针对 STM32 硬件外设设计了优美的支撑函数，第二种方式就借鉴了第三种方式，但意法半导体不再维护已有的库函数。本书仅介绍前两种方式，关于库函数开发方式可参考文献[8]。

上述第二种开发方式需使用 STM32CubeMX 图形化工具生成的工程框架，称为 HAL 工程框架，其建设过程如 3.2 节所述；而第一种开发方式需使用 Keil MDK 工程框架。本节将介绍 Keil MDK 工程框架。

本书使用了 Keil MDK v5.39 集成开发环境，是截至本书写作完成时的最新版本，本书中的全部工程都可以在 Keil MDK v5.39 及其后续版本上调试通过。

在 D 盘下新建文件夹，命名为 STM32F103C8T6REG，本书所有寄存器类型工程均保存在该文件夹内。然后，在文件夹 STM32F103C8T6REG 内创建一个子文件夹 PRJ01，用于保存本节创建的工程。接着，在该子文件夹下新建 3 个子文件夹，USER、BSP 和 PRJ，其中，USER 文件夹用于保存应用程序文件及其头文件；BSP 文件夹用于保存板级支持包文件，即 STM32F103C8T6 芯片外设驱动文件及其头文件；PRJ 文件夹用于保存工程文件，如图 3-20 所示。

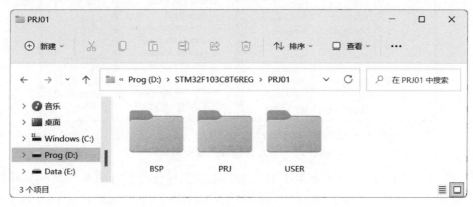

图 3-20　工程 PRJ01 文件夹结构

安装好 Keil MDK 后,会在桌面上显示快捷图标 Keil uVision5,双击该图标进入图 3-21 所示的窗口。

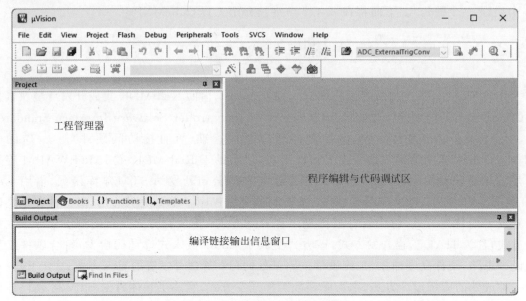

图 3-21　Keil MDK 工作主界面

在图 3-21 中,单击"芯片支持包安装快捷按钮"进入图 3-22 所示的界面。

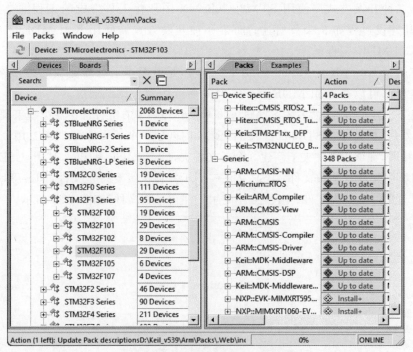

图 3-22　芯片支持包在线安装窗口

图 3-22 中的 Device 一栏中显示了 Keil MDK 开发环境所支持的芯片系列。在图 3-22 中,至少要安装图中所示的 STM32F103 系列的芯片支持包,STM32F103C8T6 芯片外设描述头文件 stm32f10x.h 就位于该支持包内。

回到图 3-21,在其中单击菜单 Project | New μVision Project...("|"后的部分表示子菜单项),弹出图 3-23 所示的窗口。

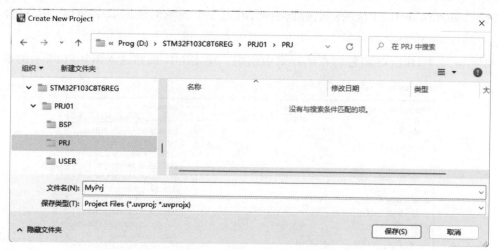

图 3-23 创建新工程窗口

在图 3-23 中,选择目录 D:\STM32F103C8T6REG\PRJ01\PRJ,然后,在"文件名"输入框中输入工程文件名为 MyPrj,单击"保存(S)"按钮进入图 3-24 所示的窗口。

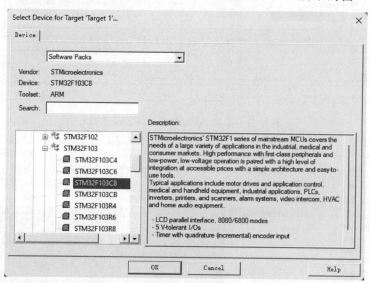

图 3-24 选择目标芯片型号窗口

在图 3-24 中,选择芯片 STM32F103C8,在 Description 中将显示该芯片的资源情况。在图 3-24 中单击 OK 按钮,进入图 3-25 所示的窗口。

在图 3-25 中,勾选 CORE、DSP、GPIO 和 Startup,依次表示向工程中添加 Cortex-M3内核支持库、数字信号处理算法库、通用输入/输出口驱动库和芯片启动代码文件。当使用数字信号处理算法库中的函数时,需要在用户程序文件中包括头文件 arm_math.h,数字信号处理算法库中包含大量经过优化的数学函数,可实现代数运算、复数运算、矩阵运算、数字滤波器和统计处理等,例如,浮点数的正弦、余弦和开方运算分别对应以下 3 个函数:

float32_t　y = arm_sin_f32(float32_t　x); float32_t　y = arm_cos_f32(float32_t　x); arm_sqrt_f32(float32_t　x, float32_t　* y)。

这里, float32 表示 32 位的浮点数据类型, 上述 3 个函数对应的数学函数式依次为 $y = \sin(x)$、$y = \cos(x)$ 和 $* y = \sqrt{x}$。

在图 3-25 中, RTOS 组件将在第 8 章中使用。单击 OK 按钮进入图 3-26 所示的窗口。

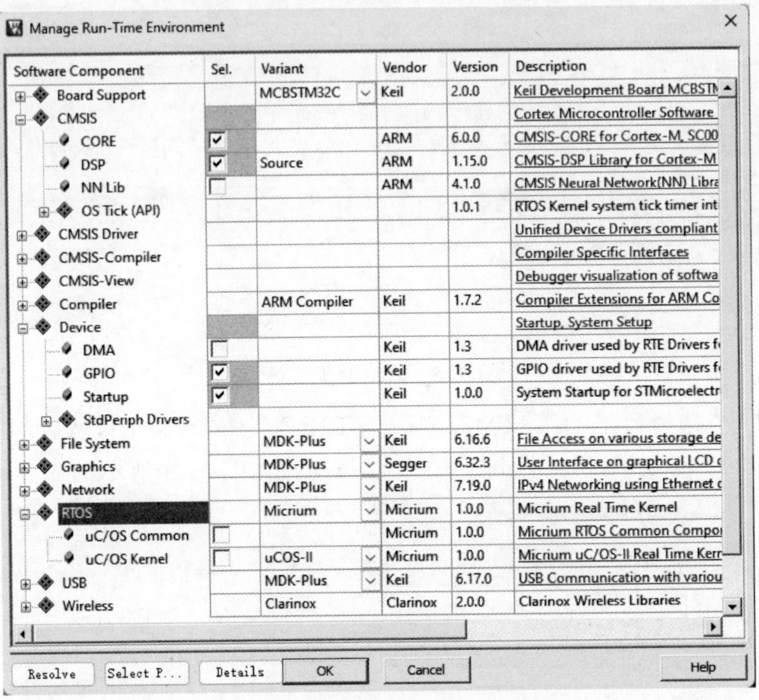

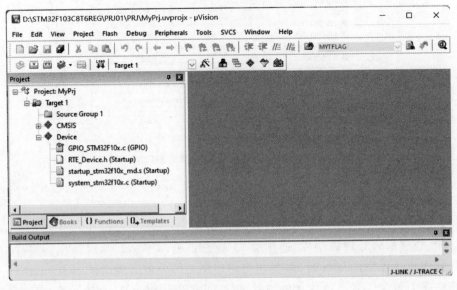

图 3-25　添加运行时(Run-Time)环境

图 3-26　工程 PRJ01 工作窗口-I

在图 3-26 中,工程管理器显示新建的工程为 MyPrj,保存为 D:\STM32F103C8T6REG\
PRJ01\PRJ\MyPrj.uvprojx。可修改工程管理器中的目标 Target 1 和分组 Source Group 1
的名称,单击"工程管理快捷按钮" 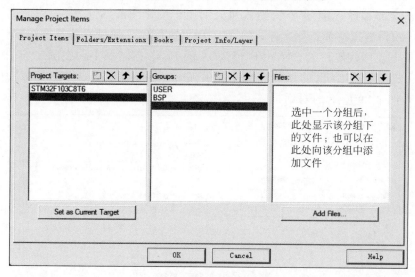 进入图 3-27 所示的对话框。

图 3-27　编辑工程管理器中的各项

在图 3-27 中,将原来的目标 Target 1 修改为 STM32F103C8T6,即所使用的芯片型号;
将原来的分组 Source Group 1 删除,新建两个分组 USER 和 BSP(注意,这里的分组名与工
程保存在硬盘中的目录名没有直接的关系)。单击 OK 按钮进入图 3-28 所示的窗口。

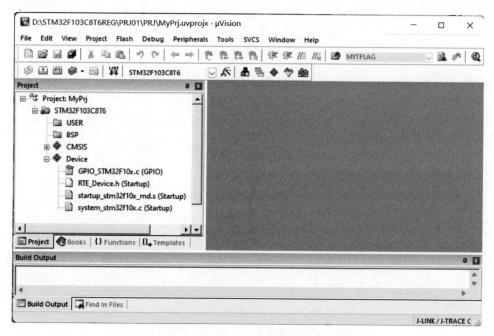

图 3-28　工程 PRJ01 工作窗口-Ⅱ

在图 3-28 中,快捷按钮栏中 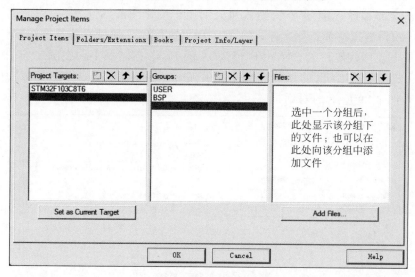 从左至右依次为编译、编译链接和全部编译链接快
捷按钮, 为下载工程可执行代码到目标芯片快捷按钮, 为新建文档快捷按钮, 为在线

调试快捷按钮。工程管理器中有两个分组,即 USER 和 BSP,这两个分组分别用于管理用户程序文件和板级支持包文件。图 3-28 中显示了常用的快捷按钮,如"新建文档快捷按钮"用于打开一个文档输入窗口进行程序编辑;"在线调试快捷按钮"用于在线仿真调试;"编译、编译链接、全部编译链接"3 个快捷按钮分别用于编译当前活跃文件、编译链接修改过的源文件和全部编译链接整个工程文件;"下载工程可执行代码到目标芯片按钮"用于将编译链接成功后的.hex 目标代码写入 STM32F103C8T6 的 Flash 存储器中。在图 3-28 中,鼠标右击STM32F103C8T6,在其弹出的快捷菜单中选择 Options for Target 'STM32F103C8T6'...Alt+F7,进入图 3-29 所示的对话框。

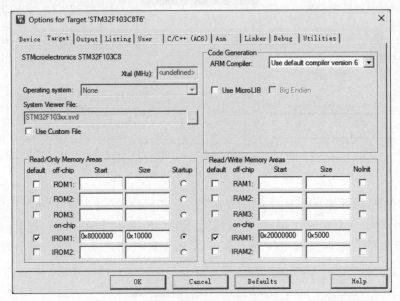

图 3-29　目标选项卡

在图 3-29 中,勾选 IROM1,Size(长度)为 0x10000(即 64KB Flash);选中 IRAM1,长度为"0x5000"(即 20KB SRAM)。在图 3-29 中,选择 Output 选项卡,进入图 3-30 所示的对话框。

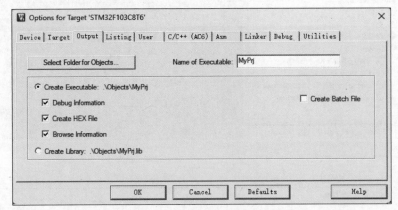

图 3-30　Output 输出目标文件路径和格式选项卡

在图 3-30 中,设定 Name of Executable(工程生成的目标文件名)为 MyPrj,Create Executable(所在的路径)为.\Objects\MyPrj,即工程所在路径下的 D:\STM32F103C8T6REG\

PRJ01\PRJ\Objects\MyPrj,然后勾选 Create HEX File 复选框,表示编译链接后产生 HEX
格式的目标文件。在图 3-30 中选择 C/C++(AC6)选项卡,进入图 3-31 所示的对话框。

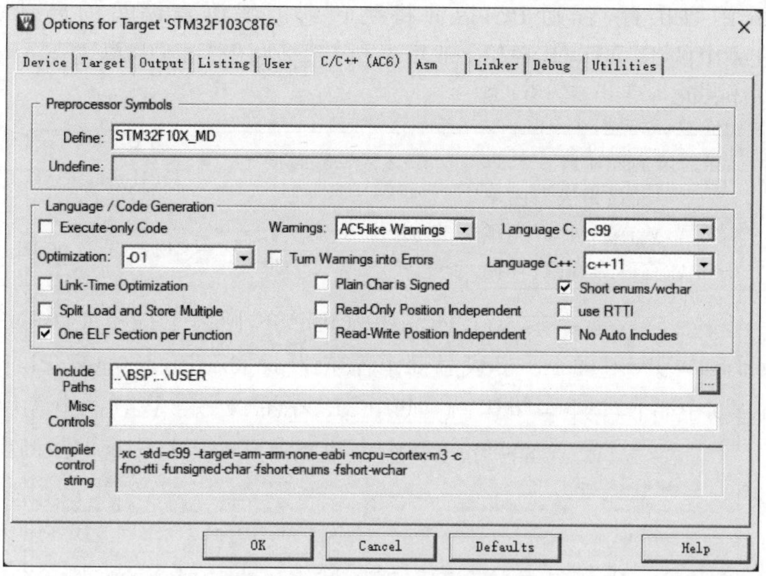

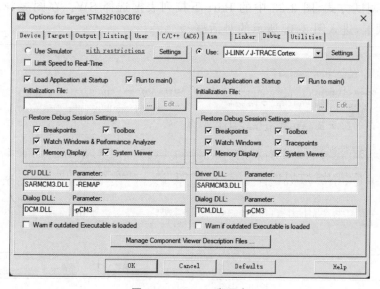

图 3-31　C/C++(AC6)选项卡

　　在图 3-31 中,Preprocessor Symbols Define(预编译符号处宏定义)STM32F10X_MD,
表示编译工程时仅使用库文件中与 STM32F103C8T6 相关的内容;在 Optimization(编译
优化选项)中选择"-O1",表示使用一级代码优化,该优化方法指示编译器将多余的变量在
编译阶段优化掉。在图 3-31 的 Include Paths 框中指定工程编译时搜索文件的路径,这里
的"."表示工程所在的路径,即 D:\STM32F103C8T6REG\PRJ01\PRJ\,".."表示工程所
在路径的上一层路径,即 D:\STM32F103C8T6REG\PRJ01\。然后,在图 3-31 中选择
Debug 选项卡,进入图 3-32 所示的对话框。

图 3-32　Debug 选项卡

在图 3-32 中,由于工程 PRJ01 中使用了 J-Link V9 仿真器,所以选择了 J-LINK/J-TRACE Cortex,勾选 Run to main()复选框表示在线仿真调试时,程序计数器(PC)指针自动跳转到 main 函数执行,否则 PC 指针将跳转到汇编语言编写的启动文件 startup_stm32f10x_md.s 中的 Reset_Handler 标号去执行。在图 3-32 中单击 Settings 按钮进入图 3-33 所示的对话框。

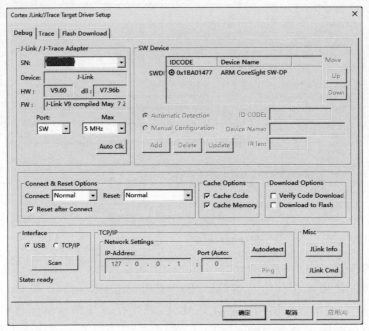

图 3-33 J-Link 仿真连接对话框

如果 STM32F103C8T6 学习板已上电,且 J-Link 仿真器连接正常,则图 3-33 中将显示 ARM Cortex-M3 的 IDCODE 为 0x1BA01477,表示连接正常。STM32F103C8T6 学习板仅支持 SW 串行调试方式,图 3-33 中的 Port 下拉列表框选择 SW。在图 3-33 中选择 Flash Download 选项卡,进入图 3-34 所示的对话框。

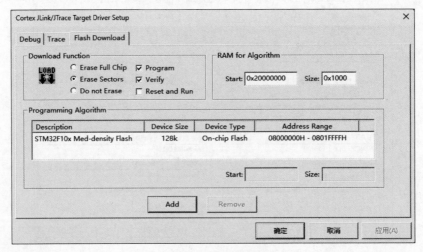

图 3-34 Flash 编程算法选择对话框

在图 3-34 中,添加 Flash 编程算法 STM32F10x Med-density Flash,然后单击 OK 按钮回到图 3-32,在图 3-32 中单击 OK 按钮回到图 3-28,这样基于 Keil MDK 集成开发环境的工程框架就配置好了。

3.4　LED 灯闪烁实例

在 STM32F103C8T6 学习板上集成了两个 LED 灯,如图 2-4 所示。由图 2-2 和图 2-4 可知,LED 灯 D2 由 PC13 控制,LED 灯 D3 由 PB9 控制。下面介绍 LED 灯闪烁控制的工程设计实例,实现的功能为使 LED 灯 D2、D3 均每隔 1s 闪烁一次。

3.4.1　寄存器类型工程实例

在图 3-28 的基础上,新建文件 led.c、led.h、bsp.c 和 bsp.h,保存在子文件夹 BSP 下。然后新建文件 main.c、includes.h 和 vartypes.h,保存在子文件夹 USER 下。接着,将 led.c、bsp.c 文件添加到工程管理器的 BSP 分组下,将 main.c 文件添加到工程管理器的 USER 分组下,如图 3-35 所示。注意,图 3-35 中"工程管理器"中的分组名与子文件夹的名称是相同的,但是二者没有联系,分组名可以使用各种符号和汉字。

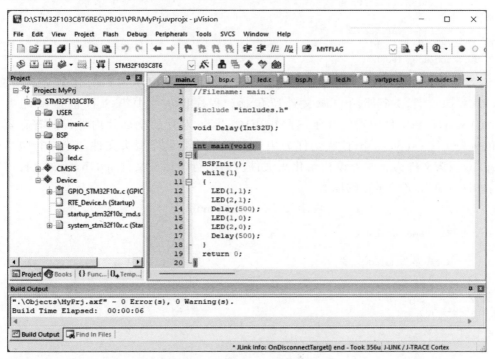

图 3-35　工程 PRJ01 工作窗口-Ⅲ

下面依次介绍工程 PRJ01 中的各个文件,如程序段 3-1~程序段 3-7 所示。

程序段 3-1　文件 vartypes.h

```
1    //Filename: vartypes.h
2
3    #ifndef _VARTYPES_H
4    #define _VARTYPES_H
```

```
5
6     typedef unsigned char   Int08U;
7     typedef signed char     Int08S;
8     typedef unsigned short  Int16U;
9     typedef signed short    Int16S;
10    typedef unsigned int    Int32U;
11    typedef signed int      Int32S;
12
13    typedef float           Float32;
14
15    #endif
```

头文件 vartypes. h 是用户自定义的变量类型文件。程序段 3-1 中,第 3、4 行和第 15 行构成预编译处理,由于工程中的多个源文件包括头文件 vartypes. h,使用预编译处理指令可保证该头文件仅被包括一次。第 6~11 行依次定义了自定义变量类型: 无符号 8 位整型 Int08U、有符号 8 位整型 Int08S、无符号 16 位整型 Int16U、有符号 16 位整型 Int16S、无符号 32 位整型 Int32U 和有符号 32 位整型 Int32S。第 13 行定义了 32 位浮点型自定义变量类型 Float32。

程序段 3-2   文件 includes. h

```
1     //Filename: includes. h
2
3     #include "stm32f10x.h"
4
5     #include "vartypes.h"
6     #include "bsp.h"
7     #include "led.h"
```

头文件 includes. h 是工程中总的包括头文件,包括工程中用到的其余全部头文件,includes. h 头文件被全部用户源文件所包括。程序段 3-2 中第 3 行包括系统头文件 stm32f10x. h,该头文件中宏定义了 STM32F103C8T6 芯片的全部片内外设的寄存器。第 5 行包括头文件 vartypes. h,该头文件为用户自定义的变量类型头文件。第 6 行包括头文件 bsp. h,该头文件为总的外设初始化头文件。第 7 行包括头文件 led. h,该头文件声明了源文件 led. c 中定义的函数的原型。

程序段 3-3   文件 main. c

```
1     //Filename: main.c
2
3     #include "includes.h"
4
5     void Delay(Int32U);
6
7     int main(void)
8     {
9       BSPInit();
10      while(1)
11      {
12        LED(1,1);
13        LED(2,1);
14        Delay(500);
15        LED(1,0);
16        LED(2,0);
17        Delay(500);
18      }
```

```
19      return 0;
20   }
21   void Delay(Int32U u)
22   {
23      volatile Int32U i,j;
24      for(i = 0;i < u;i++)
25          for(j = 0;j < 6000;j++);
26   }
```

文件 main.c 是工程的主程序文件,即包含程序入口 main 函数的文件。程序段 3-3 中,第 3 行包括头文件 includes.h;第 5 行声明了延时函数 Delay;第 7～20 行为 main 函数。在 main 函数中,第 9 行调用 BSPInit 初始化片内外设,这里仅初始化了 LED 灯控制(参考程序段 3-7),该函数位于 bsp.c 中;第 10～18 行为无限循环体,依次执行 LED 灯 D2 亮(第 12 行)、LED 灯 D3 亮(第 13 行)、延时约 1s(第 14 行)、LED 灯 D2 灭(第 15 行)、LED 灯 D3 灭(第 16 行)和延时约 1s(第 17 行)。第 21～26 行为延时函数 Delay 的函数体,通过 for 循环实现延时。

注意,第 23 行 volatile Int32U i,j;使用 volatile 关键字修饰的变量,表示该变量不能被编译器优化掉。

程序段 3-4　文件 led.h

```
1    //Filename: led.h
2
3    # include "vartypes.h"
4
5    # ifndef _LED_H
6    # define _LED_H
7
8    void LEDInit();
9    void LED(Int08U,Int08U);
10
11   # endif
```

文件 led.h 是程序段 3-5 中文件 led.c 的头文件,在本书工程中,每个源文件都有一个对应的头文件,用于声明源文件中定义的函数。程序段 3-4 中,第 3 行包括头文件 vartypes.h,因为第 9 行的函数声明用到了自定义变量类型 Int08U;第 8 行声明了 LEDInit 函数;第 9 行声明了 LED 函数。

程序段 3-5　文件 led.c

```
1    //Filename: led.c
2
3    # include "includes.h"
4
5    void LEDInit()
6    {
7      RCC -> APB2ENR | = (1uL << 3) | (1uL << 4);       //PB,PC 使能
8      GPIOB -> CRH | = (1uL << 5);
9      GPIOB -> CRH & = ~((3uL << 6) | (1uL << 4));      //PB9 输出推挽模式,2MHz
10
11     GPIOC -> CRH | = (1uL << 21);
12     GPIOC -> CRH & = ~((3uL << 22) | (1uL << 20));    //PC13 输出推挽模式,2MHz
13   }
14
```

```
15    void LED(Int08U pos, Int08U state)
16    {
17      switch(pos)
18      {
19        case 1:                                    //LED - D2
20          if(state)                                //1 为打开,0 为关闭
21            GPIOC -> BSRR = (1uL << 13);           //PC13 输出高电平,D2 亮
22          else
23            GPIOC -> BRR = (1uL << 13);            //PC13 输出低电平,D2 灭
24          break;
25        case 2:                                    //LED - D3
26          if(state)                                //1 - ON, 0 - OFF
27            GPIOB -> BSRR = (1uL << 9);            //PB9 输出高电平,D3 亮
28          else
29            GPIOB -> BRR = (1uL << 9);             //PB9 输出低电平,D3 灭
30          break;
31        default:
32          break;
33      }
34    }
```

文件 led. c 是 LED 灯的驱动文件,包括两个函数,即 LEDInit 和 LED。在程序段 3-5 中,第 3 行包括头文件 includes. h。第 5~13 行为 LEDInit 函数,第 7 行打开 PB 口和 PC 口的时钟源;第 8、9 行配置 PB9 为推挽输出,最大速率为 2MHz;第 11、12 行配置 PC13 为推挽输出,最大速率为 2MHz。第 15~34 行为 LED 函数,该函数有两个参数 pos 和 state,pos 取 0 表示 LED 灯 D2,pos 取 1 表示 LED 灯 D3;state 取值 1,表示相应的 LED 灯亮,state 取值 0,表示相应的 LED 灯灭。在 LED 函数中,第 17 行判断 pos 的值,如果为 1,则第 20~ 24 行被执行,如果第 20 行为真,则第 21 行 LED 灯 D2 亮,否则 LED 灯 D2 灭(第 23 行); 如果 pos 的值为 2,则第 26~30 行被执行,如果第 26 行为真,则 LED 灯 D3 亮(第 27 行), 否则 LED 灯 D3 灭(第 29 行)。

程序段 3-6　文件 bsp. h

```
1    //Filename: bsp. h
2
3    # ifndef _BSP_H
4    # define _BSP_H
5
6    void BSPInit();
7
8    # endif
```

文件 bsp. h 是程序段 3-7 中文件 bsp. c 的头文件,用于声明 bsp. c 中定义的函数。在程序段 3-6 中,第 6 行声明了 bsp. c 中定义的函数 BSPInit,用于初始化片内外设。

程序段 3-7　文件 bsp. c

```
1    //Filename: bsp. c
2
3    # include "includes. h"
4
5    void BSPInit()
6    {
7      LEDInit();
8    }
```

文件 bsp.c 是总的片内外设初始化文件，包含一个函数 BSPInit，如第 5～8 行所示，其中调用了各个外设的初始化函数，对于工程 PRJ01 而言，仅包含了第 7 行语句，即调用 LEDInit 函数初始化与 LED 灯控制相关的外设。

工程 PRJ01 的执行流程如图 3-36 所示。

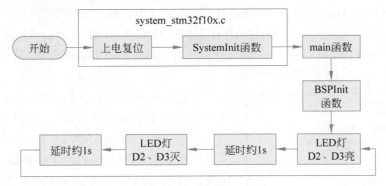

图 3-36　工程 PRJ01 的执行流程

由图 3-36 可知，工程 PRJ01 上电复位后，首先执行位于文件 system_stm32f10x.c 中的 SystemInit 函数，用于将 STM32F103C8T6 的时钟由 8MHz 调整到 72MHz（除此之外，在启动文件 startup_stm32f10x_md.s 中还为 C 语言函数分配了堆栈空间）；然后转到 main 函数执行；进入 main 函数后，首先调用 BSPInit 函数初始化与 LED 灯控制相关的外设；接着进入无限循环体，依次循环执行"LED 灯 D2、D3 亮→延时约 1s→LED 灯 D2、D3 灭→延时约 1s"。其中，LED 亮和 LED 灭是 main 函数调用 led.c 文件中的 LED 函数实现的，延时函数 Delay 位于主文件 main.c 中，由 for 循环实现。

3.4.2　HAL 类型工程实例

视频讲解

本节介绍基于 STM32CubeMX 生成的 HAL 工程框架实现工程 PRJ01 的功能。本书中的全部 HAL 类型工程保存在目录 D:\STM32F103C8T6HAL 下，本节的工程保存在目录 D:\STM32F103C8T6HAL\HPrj01 下，是在图 3-18 所示 CubeMXPrj 工程的基础上逐步建设的 HAL 类型工程，下面首先介绍 CubeMXPrj 工程目录结构，如图 3-37 所示。注意，本书按工程所在的第二级子目录命名工程，这里 CubeMXPrj 工程也称为工程 HPrj01。

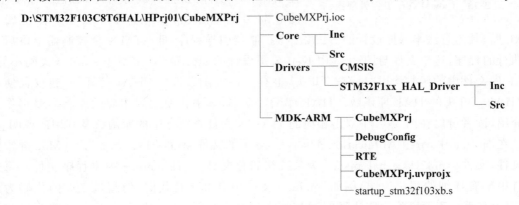

图 3-37　CubeMXPrj 工程目录结构

在图 3-37 中，加粗的部分为目录，不加粗的部分为文件。位于目录 D：\STM32F103C8T6HAL\HPrj01\CubeMXPrj 下的文件 CubeMXPrj.ioc 为 STM32CubeMX 工程文件。子目录 Core 下包括两个子目录 Inc 和 Src，分别用于保存应用程序的头文件和源文件。子目录 Drivers 下有两个子目录，其中 CMSIS 子目录保存了 CMSIS 库文件；STM32F1xx_HAL_Driver 子目录下包括两个子目录 Inc 和 Src，分别用于保存 HAL 库函数的头文件和源文件。子目录 MDK-ARM 下的文件 CubeMXPrj.uvprojx 为 Keil MDK 的工程文件，子目录 CubeMXPrj、DebugConfig 和 RTE 为 Keil MDK 服务，保存编译、链接和执行信息文件。

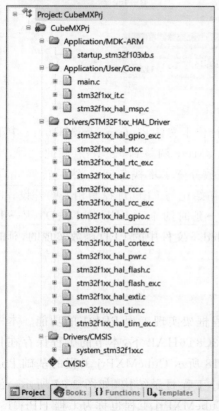

图 3-38　CubeMXPrj 工程管理器

回到图 3-18，工程 CubeMXPrj 的工程管理器中包含工程中全部源程序文件，再次列于图 3-38 中。

基于 STM32CubeMX 的 HAL 开发技术的主要目的在于将基于 STM32 微控制器硬件的应用程序设计转换为软件工程意义上的软件开发，因此意法半导体在库函数类型程序设计的基础上，推出 STM32CubeMX 图形化工程框架设计技术，旨在希望软件工程师可将主要精力放在应用程序开发上。但是，软件工程师仍然需要深入了解 HAL 库文件，并在程序设计时学会查阅 HAL 库文件。在图 3-38 中，分组 Drivers/STM32F1xx_HAL_Driver 下的文件属于 HAL 库文件，文件名均形如 stm32f1xx_hal_ppp.c 或 stm32f1xx_hal_ppp_ex.c，其中，ppp 表示 STM32 微控制器的外设名，带有_ex 的文件名表示扩展的源文件，可以认为它是不带有_ex 的同名文件的"补充"，这样可以保持原有系统的兼容性和稳定性。这些 HAL 库文件的作用在于将 STM32 微控制器的底层硬件抽象为函数，在这个意义上，HAL 库是完备的，即 HAL 库包含所有 STM32 微控制器底层硬件的访问（或称管理）方法。事实上，图 3-38 中的 startup_stm32f103xb.s 文件也属于 HAL 库，其为意法半导体设计的 STM32 微控制器引导程序，即 STM32 微控制器上电后首先执行的程序，这个文件与图 3-35 中 Keil 公司设计的 startup_stm32f10x_md.s 大同小异。HAL 库文件中的函数均以"HAL_"开头，也有一些宏函数以"__HAL_"开头，建议仅使用以"HAL_"开头的 HAL 库函数。HAL 库函数众多，本书在使用到相应的库函数时再作具体介绍，读者可以在图 3-38 中双击相应的 HAL 库文件查阅其中的库函数及其用法说明。

在图 3-38 中，分组 Application/User/Core 下的文件 stm32f1xx_it.c 为 STM32 异常管理文件，文件 stm32f1xx_hal_msp.c 为系统初始化文件，文件 main.c 为主程序文件。每个文件中都有详细的用法说明，例如，main.c 文件中有 287 行代码，但超过 2/3 的代码为注释，务必注意：不要删除这些注释！STM32CubeMX 在更新工程时依靠这些注释只更新其中的系统代码，而保留用户程序。

在图 3-18、图 3-38 所示 CubeMXPrj 工程的基础上，继续添加程序文件和代码以实现工程 PRJ01 的功能，需要开展以下工作。

（1）在目录 D:\STM32F103C8T6HAL\HPrj01 下新建子目录 BSP 和 USER，如图 3-39 所示。

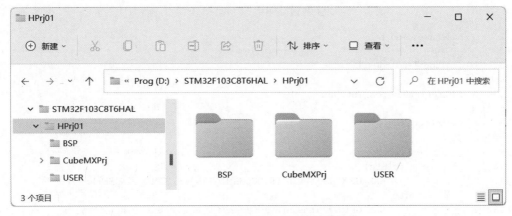

图 3-39　子目录 HPrj01 下的目录结构

在图 3-39 中，BSP 用于保存用户编写的驱动文件，这些驱动文件通过调用 HAL 库函数实现；USER 用于保存用户编写的应用程序文件。这样做的目的在于保持图 3-37 所示的 STM32CubeMX 生成的 HAL 类型工程文件的完整性，而只是修改图 3-38 中的 main.c 文件。

（2）在图 3-38 中，鼠标右击 CubeMXPrj，在其弹出菜单中单击 Options for Target 'CubeMXPrj'，并选择 C/C++（AC6），在其中 Include Paths 一栏中，添加包括路径 D:\STM32F103C8T6HAL\HPrj01\USER 和 D:\STM32F103C8T6HAL\HPrj01\BSP，如图 3-40 所示。

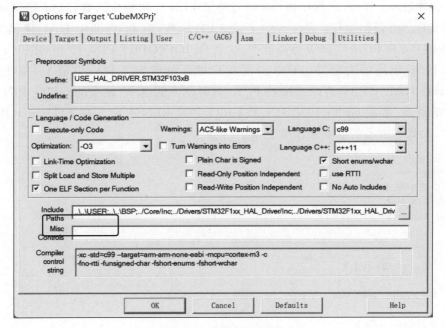

图 3-40　添加包括路径

（3）编写文件 led. c 和 led. h，将它们保存在目录 D：\STM32F103C8T6HAL\HPrj01\
BSP 下；编写文件 includes. h、mymain. c、mymain. h 和 vartypes. h，将它们保存在目录 D：\
STM32F103C8T6HAL\HPrj01\USER 下。其中，文件 vartypes. h 如程序段 3-1 所示，其余
文件如程序段 3-8～程序段 3-12 所示。

程序段 3-8　文件 led. c

```
1     //Filename: led.c
2
3     # include "includes.h"
4
5     void LED(Int08U pos, Int08U state)
6     {
7       switch(pos)
8       {
9         case 1:                                    //LED 灯 D2
10          if(state)                               //1 - 亮, 0 - 灭
11              HAL_GPIO_WritePin(GPIOC, GPIO_PIN_13, GPIO_PIN_SET);
12          else
13              HAL_GPIO_WritePin(GPIOC, GPIO_PIN_13, GPIO_PIN_RESET);
14          break;
15        case 2:                                    //LED 灯 D3
16          if(state)                               //1 - 亮, 0 - 灭
17              HAL_GPIO_WritePin(GPIOB, GPIO_PIN_9, GPIO_PIN_SET);
18          else
19              HAL_GPIO_WritePin(GPIOB, GPIO_PIN_9, GPIO_PIN_RESET);
20          break;
21        default:
22            break;
23      }
24    }
```

对此程序段 3-5 可知，在程序段 3-8 中省略了 LED 灯初始化函数，因为 STM32CubeMX
帮助用户实现了外设初始化。第 5～24 行为 LED 函数，第 11 行调用 HAL 库函数 HAL_
GPIO_WritePin 将 PC13 引脚设为高电平，这里 GPIOC、GPIO_PIN_13 和 GPIO_PIN_SET
依次表示 PC 口地址的宏定义、PC13 口的偏移地址的宏定义和枚举量 1。第 13 行调用
HAL 库函数 HAL_GPIO_WritePin 将 PC13 引脚设为低电平，这里的 GPIO_PIN_RESET
对应着枚举量 0。常量 GPIO_PIN_SET 和 GPIO_PIN_RESET 定义在文件 stm32f1xx_hal_
gpio. h 中，为如下所示的自定义枚举类型。

```
typedef enum
{
  GPIO_PIN_RESET = 0u,
  GPIO_PIN_SET
} GPIO_PinState;
```

程序段 3-9　文件 led. h

```
1     //Filename: led.h
2
3     # include "vartypes.h"
4
5     # ifndef _LED_H
6     # define _LED_H
```

```
7
8    void LED( Int08U, Int08U);
9
10   # endif
```

文件 led.h 中声明了文件 led.c 中定义的函数。

程序段 3-10　文件 mymain.c

```
1    //Filename: mymain.c
2
3    # include "includes.h"
4
5    void Delay(Int32U);
6
7    void mymain(void)
8    {
9      while(1)
10     {
11         LED(1,1);
12         LED(2,1);
13         Delay(500);
14         LED(1,0);
15         LED(2,0);
16         Delay(500);
17     }
18   }
19   void Delay(Int32U u)
20   {
21     volatile Int32U i,j;
22     for(i = 0;i < u;i++)
23         for(j = 0;j < 6000;j++);
24   }
```

对比程序段 3-3,这里的 mymain.c 中的函数为 mymain,并且没有初始化操作。函数 mymain 将被 main.c 文件中的 main 函数调用。

程序段 3-11　文件 mymain.h

```
1    //Filename: mymain.h
2
3    # ifndef __MYMAIN_H
4    # define __MYMAIN_H
5
6    void mymain(void);
7
8    # endif
```

文件 mymain.h 中保存了 mymain.c 中定义的函数的声明。

程序段 3-12　文件 includes.h

```
1    //Filename: includes.h
2
3    # include "main.h"
4
5    # include "vartypes.h"
6    # include "led.h"
```

文件 includes.h 为用户编写的总的包括头文件。第 3 行包括头文件 main.h,main.h

为STM32CubeMX生成的头文件,其中包括HAL库的通用头文件stm32f1xx_hal.h。

(4) 在图3-38中新建分组App/User/BSP,将mymain.c和led.c文件添加到该分组中,如图3-41所示。

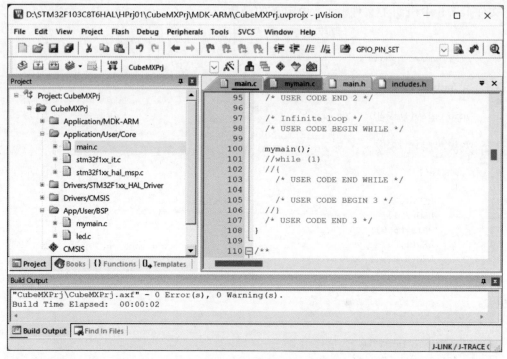

图 3-41　建设好的工程 HPrj01

(5) 在main.c文件中,将while(1)无限循环体注释掉,添加对函数mymian的调用,如图3-41中第100行的"mymain();"所示。同时,在main.c文件的首部,添加语句♯include "mymain.h",即包括头文件mymain.h,该语句可插入main.c文件的第24行处,如下所示:

```
23    /* USER CODE BEGIN Includes */
24    # include "mymain.h"
25    /* USER CODE END Includes */
```

至此,编译链接并下载运行工程HPrj01,可以看到LED灯D2和D3闪烁。

3.5　本章小结

本章介绍了STM32F103C8T6微控制器的GPIO结构及其寄存器,同时,讨论了替换功能AFIO的寄存器及复位与时钟控制模块中与GPIO相关的寄存器。然后,阐述了基于STM32CubeMX的HAL类型工程框架设计方法,并讨论了寄存器类型的工程与HAL类型的工程的区别。接着,介绍Keil MDK工程框架,以LED灯闪烁为例,详细介绍了寄存器类型工程和HAL类型工程的程序设计方法。对于HAL类型工程,初学者只要掌握C语言程序设计,就可以开发基于STM32微控制器硬件的嵌入式系统应用程序。

习题

1. 详细说明 GPIO 模块各个寄存器的含义和作用。

2. 结合本章内容，说明 AFIO 各个寄存器的含义和作用。

3. 使用 Keil MDK 软件创建一个工程框架，并实现 LED 灯的闪烁功能。

4. 对比分析 HAL 类型工程与寄存器类型工程的特点。

5. 编写工程实现两个 LED 灯的周期闪烁，闪烁规律为"3 3 7 2 2 5"，其中，数字表示 LED 灯亮的时间，灭的时间固定为 1s。

第4章 按键与中断处理

本章将介绍嵌套向量中断控制器 NVIC 的工作原理，阐述 STM32F103C8T6 微控制器外部输入中断的工作原理，然后，以用户按键为例，详细解释 NVIC 中断的寄存器类型和 HAL 类型工程的程序设计方法。

本章的学习目标：

- 了解 NVIC 中断响应方法；
- 熟悉 GPIO 中断响应方法；
- 熟练应用寄存器和 HAL 库进行 GPIO 中断程序设计。

4.1 NVIC 中断工作原理

与嵌套向量中断控制器 NVIC 相关的中断管理工作主要有开放中断、关闭中断、设置中断请求标志、读中断请求标志、清除中断请求标志和配置中断优先级等。嵌套向量中断控制器 NVIC 的寄存器有 ISER0、ISER1、ICER0、ICER1、ISPR0、ISPR1、ICPR0、ICPR1、IABR0、IABR1、IPR0～IPR14 和 STIR，如表 4-1 所示。

表 4-1　NVIC 寄存器

序号	地　　址	寄存器	名　　称	描　　述
1	0xE000E100	ISER0	中断开放寄存器	ISER0[0]～ISER0[31]、ISER1[0]～ISER1[10]依次对应中断号为 0～42 的中断，各位写 0 无效，写 1 开放中断
	0xE000E104	ISER1		
2	0xE000E180	ICER0	中断关闭寄存器	ICER0[0]～ICER0[31]、ICER1[0]～ICER1[10]依次对应中断号为 0～42 的中断，各位写 0 无效，写 1 关闭中断
	0xE000E184	ICER1		
3	0xE000E200	ISPR0	中断设置请求状态寄存器	ISPR0[0]～ISPR0[31]、ISPR1[0]～ISPR1[10]依次对应中断号为 0～42 的中断，各位写 0 无效，写 1 请求中断
	0xE000E204	ISPR1		
4	0xE000E280	ICPR0	中断清除请求状态寄存器	ICPR0[0]～ICPR0[31]、ICPR1[0]～ICPR1[10]依次对应中断号为 0～42 的中断，各位写 0 无效，写 1 清中断标志
	0xE000E284	ICPR1		

续表

序号	地 址	寄存器	名 称	描 述
5	0xE000E300	IABR0	中断活跃位寄存器（只读）	IABR0[0]～IABR0[31]、IABR1[0]～IABR1[10]依次对应中断号为0～42的中断,各位读出1,表示相应中断活跃
	0xE000E304	IABR1		
6	0xE000E400～ 0xE000E438	IPR0～ IPR14	中断优先级寄存器	共有16个优先级,优先级号为0～15,优先级号0表示的优先级最高,优先级号15表示的优先级最低
7	0xE000EF00	STIR	软件触发中断寄存器	第[8:0]位域有效,写入0～42中的某一中断号,则触发相应的中断

下面以 ISER0 和 ISER1 为例,介绍开放中断的方法。

根据表 4-1,ISER0[0]～ISER0[31]对应着中断号为 0～31 的 NVIC 中断,而 ISER1[0]～ISER1[10]对应着中断号为 32～42 的 NVIC 中断。由表 1-4 可知,外部中断 2 的中断号为 8,而 USART2 中断的中断号为 38,开放这两个中断的语句依次为:

```
ISER0 = (1uL << 8);
ISER1 = (1uL << 6);
```

设中断号为 IRQn,则这两个语句也可以写为如下统一的语句形式:

```
ISER0 = 1uL << (IRQn & 0x1F);
ISER1 = 1uL << (IRQn & 0x1F);
```

上述开放中断的方法被用在 CMSIS 库文件中。

在 CMSIS 库头文件 core_cm3.h 中定义了 NVIC 中断的相关操作,这里重点介绍开放中断、关闭中断、设置中断请求标志、读中断请求标志、清除中断请求标志、设置中断优先级和获取中断优先级的函数,如程序段 4-1 所示。

程序段 4-1　NVIC 中断相关的 CMSIS 库函数(摘自 core_cm3.h 文件)

```
1    typedef struct
2    {
3      __ IO uint32_t ISER[8U];      //偏移地址:0x000(可读/可写) 中断设置使能寄存器
4          uint32_t RESERVED0[24U];
5      __ IO uint32_t ICER[8U];      //偏移地址:0x080(可读/可写) 中断清除使能寄存器
6          uint32_t RSERVED1[24U];
7      __ IO uint32_t ISPR[8U];      //偏移地址:0x100(可读/可写) 中断设置请求寄存器
8          uint32_t RESERVED2[24U];
9      __ IO uint32_t ICPR[8U];      //偏移地址:0x180(可读/可写) 中断清除请求寄存器
10         uint32_t RESERVED3[24U];
11     __ IO uint32_t IABR[8U];      //偏移地址:0x200(可读/可写) 中断活跃标志位寄存器
12         uint32_t RESERVED4[56U];
13     __ IO uint8_t IP[240U];       //偏移地址:0x300(可读/可写) 中断优先级寄存器(8 位)
14         uint32_t RESERVED5[644U];
15     __ O uint32_t STIR;           //偏移地址:0xE00(只写) 软件触发中断寄存器
16   } NVIC_Type;
17
18   #define SCS_BASE        (0xE000E000UL)
19   #define NVIC_BASE       (SCS_BASE + 0x0100UL)
20   #define NVIC            ((NVIC_Type * )NVIC_BASE)
21
```

第 1～16 行自定义结构体类型 NVIC_Type,各成员的位置与表 4-1 中各个寄存器的位置对应,再结合第 18～20 行可知,NVIC 为指向首地址 0xE000E100 的结构体指针,这样(结合表 4-1),NVIC-> ISER[0]指向的地址即 ISER0 寄存器的地址,NVIC-> ISER[1]指向的地址即 ISER1 寄存器的地址,以此类推,NVIC-> STIR 指向的地址即 STIR 寄存器的地址。

```
22    __STATIC_INLINE void NVIC_EnableIRQ(IRQn_Type IRQn)          // 开中断
23    {
24        NVIC -> ISER[((uint32_t)(IRQn) >> 5)] = (1 << ((uint32_t)(IRQn) & 0x1F));
25    }
26
```

第 22～25 行为开放 NVIC 中断函数 NVIC_EnableIRQ,形参为 IRQn_Type 类型的变量,该自定义类型定义在 stm32f10x.h 文件中,如程序段 4-2 所示。第 24 行根据 IRQn 的值设置 ISER[0]或 ISER[1]相应的位,即开放 IRQn 对应的 NVIC 中断。

```
27    __STATIC_INLINE void NVIC_DisableIRQ(IRQn_Type IRQn)         // 关中断
28    {
29        NVIC -> ICER[((uint32_t)(IRQn) >> 5)] = (1 << ((uint32_t)(IRQn) & 0x1F));
30    }
31
```

第 27～30 行为关闭 NVIC 中断函数 NVIC_DisableIRQ,形参为 IRQn_Type 类型的变量。第 29 行根据 IRQn 的值向 ICER[0]或 ICER[1]相应的位写入 1,关闭 IRQn 对应的 NVIC 中断。

```
32    __STATIC_INLINE void NVIC_SetPendingIRQ(IRQn_Type IRQn)      // 中断请求
33    {
34        NVIC -> ISPR[((uint32_t)(IRQn) >> 5)] = (1 << ((uint32_t)(IRQn) & 0x1F));
35    }
36
```

第 32～35 行为设置中断请求标志的函数 NVIC_SetPendingIRQ,形参为 IRQn_Type 类型的变量。第 34 行根据 IRQn 的值向 ISPR[0]或 ISPR[1]相应的位写入 1,设置 IRQn 对应的 NVIC 中断请求标志,即使该 NVIC 中断处于请求态。

```
37    __STATIC_INLINE uint32_t NVIC_GetPendingIRQ(IRQn_Type IRQn)// 处于请求态时返回 1;
38    {                                                           //否则返回 0
39        return((uint32_t) ((NVIC -> ISPR[(uint32_t)(IRQn) >> 5] & (1 << ((uint32_t)(IRQn) &
       0x1F)))?1:0));
40    }
41
```

第 37～40 行为获取 NVIC 中断的请求状态函数 NVIC_GetPendingIRQ,形参为 IRQn_Type 类型的变量。第 39 行根据 IRQn 的值读出它对应的 ISPR[0]或 ISPR[1]的位,如果 IRQn 中断处于请求态,返回 1;否则返回 0。

```
42    __STATIC_INLINE void NVIC_ClearPendingIRQ(IRQn_Type IRQn)    // 清除中断请求标志
43    {
44        NVIC -> ICPR[((uint32_t)(IRQn) >> 5)] = (1 << ((uint32_t)(IRQn) & 0x1F));
45    }
46
```

第 42～45 行为清除 NVIC 中断请求标志的函数 NVIC_ClearPendingIRQ,形参为

IRQn_Type 类型的变量。第 44 行根据 IRQn 的值向 ICPR[0]或 ICPR[1]相应的位写入 1,
清除 IRQn 对应的 NVIC 中断标志。

```
47    __ STATIC_INLINE void NVIC_SetPriority(IRQn_Type IRQn, uint32_t priority)
48    {
49      if((int32_t)IRQn < 0)
50      { //为 Cortex - M3 系统异常:MemManage,BusFault,UsageFault,SVC,DebugMon 设定优先级
51        SCB -> SHP[((uint32_t)(IRQn) & 0xF) - 4] = ((priority << (8 - __ NVIC_PRIO_BITS)) & 0xff);
52      }
53      else
54      { // 为中断: IRQn,n = 0~59 设定优先级
55        NVIC -> IP[(uint32_t)(IRQn)] = ((priority << (8 - __ NVIC_PRIO_BITS)) & 0xff);
56      }
57    }
```

第 47~57 行为设置异常和中断优先级的函数 NVIC_SetPriority,形参有两个:IRQn_
Type 类型的变量 IRQn 为中断号;无符号 32 位整型变量 priority 为设置的优先级号数值。
第 49~52 行设置中断号为 −12~−1 的异常的优先级号;第 53~56 行设置中断号为 0~
42 的中断的优先级号。这里的"__ NVIC_PRIO_BITS"为宏定义的常数 4,因此,priority 的
取值为 0~15。注意:中断优先级号小的中断具有较高的优先级;如果有多个中断被设置
为相同的优先级,则中断号小的中断优先级高。

```
58    __ STATIC_INLINE uint32_t NVIC_GetPriority(IRQn_Type IRQn)
59    {
60      if ((int32_t)(IRQn) < 0)
61      {
62        return(((uint32_t)SCB -> SHP[(((uint32_t) IRQn) & 0xFuL) - 4UL] >> (8U - __ NVIC_
           PRIO_BITS)));
63      }
64      else
65      {
66        return(((uint32_t)NVIC -> IP[((uint32_t) IRQn)] >> (8U - __ NVIC_PRIO_BITS)));
67      }
68    }
```

第 58~68 行为获取异常和中断优先级的函数 NVIC_GetPriority,形参为 IRQn_Type
类型的变量 IRQn,返回值为中断的优先级号。对于中断号小于 0 的异常,第 60~63 行获取
异常的优先级号;否则,第 65~67 行获取中断号为 0~42 的 NVIC 中断的优先级号。

程序段 4-1 中,第 47~68 行的代码需要访问中断优先级寄存器 IPR0~IPR14,这些寄
存器的结构如图 4-1 所示。

由图 4-1 可知,每个 IPR 寄存器用于设置 4 个 NVIC 中断的优先级,32 位的 IPR 寄存
器的 4 个字节的低 4 位均无效,只有高 4 位有效,故可以设置的优先级号为 0~15。根据
图 4-1,如果设置 EXTI2 中断的优先级号为 10,则需要将 IPR2 的第[7:4]位域设为 10。当
两个中断具有不同的优先级号时,优先级号小的中断优先级高;当两个中断具有相同的优
先级号时,中断号小的中断优先级高。

可配置优先级的异常的优先级号由 3 个系统手柄优先级寄存器(SHPR1~SHPR3)设
置,其地址依次为 0xE000ED18、0xE000ED1C 和 0xE000ED20,如表 4-2 所示。

位号	31 30 29 28	27 26 25 24	23 22 21 20	19 18 17 16	15 14 13 12	11 10 9 8	7 6 5 4	3 2 1 0
IPR0	RTC	27 26 25 24	TAMPER	19 18 17 16	PVD	11 10 9 8	WWDG	3 2 1 0
IPR1	EXTI1	27 26 25 24	EXTI0	19 18 17 16	RCC	11 10 9 8	FLASH	3 2 1 0
IPR2	DMA1_Ch1	27 26 25 24	EXTI4	19 18 17 16	EXTI3	11 10 9 8	EXTI2	3 2 1 0
IPR3	DMA1_Ch5	27 26 25 24	DMA1_Ch4	19 18 17 16	DMA1_Ch3	11 10 9 8	DMA1_Ch2	3 2 1 0
IPR4	USB_HP	27 26 25 24	ADC1_2	19 18 17 16	DMA1_Ch7	11 10 9 8	DMA1_Ch6	3 2 1 0
IPR5	EXTI9_5	27 26 25 24	CAN_SCE	19 18 17 16	CAN_RX1	11 10 9 8	USB_LP	3 2 1 0
IPR6	TIM1_CC	27 26 25 24	TIM1_TRG	19 18 17 16	TIM1_UP	11 10 9 8	TIM1_BRK	3 2 1 0
IPR7	I2C1_EV	27 26 25 24	TIM4	19 18 17 16	TIM3	11 10 9 8	TIM2	3 2 1 0
IPR8	SPI1	27 26 25 24	I2C2_ER	19 18 17 16	I2C2_EV	11 10 9 8	I2C1_ER	3 2 1 0
IPR9	USART3	27 26 25 24	USART2	19 18 17 16	USART1	11 10 9 8	SPI2	3 2 1 0
IPR10	保留	27 26 25 24	USBWakeUp	19 18 17 16	RTCAlarm	11 10 9 8	EXTI15_10	3 2 1 0
IPR11	保留	27 26 25 24	保留	19 18 17 16	保留	11 10 9 8	保留	3 2 1 0
IPR12	保留	27 26 25 24	保留	19 18 17 16	保留	11 10 9 8	保留	3 2 1 0
IPR13	保留	27 26 25 24	保留	19 18 17 16	保留	11 10 9 8	保留	3 2 1 0
IPR14	保留	27 26 25 24	保留	19 18 17 16	保留	11 10 9 8	保留	3 2 1 0

图 4-1　中断优先级配置寄存器的结构

表 4-2　异常号 4～15 的优先级配置寄存器

序　号	异 常 号	异常名称	位　域	配置名称	寄 存 器
1	4	MemManage	[7:0]	PRI_4	SHPR1
2	5	BusFault	[15:8]	PRI_5	
3	6	UsageFault	[23:16]	PRI_6	
4	7	保留	[31:24]	PRI_7	
5	8	保留	[7:0]	PRI_8	SHPR2
6	9	保留	[15:8]	PRI_9	
7	10	保留	[23:16]	PRI_10	
8	11	SVCall	[31:24]	PRI_11	
9	12	Debug Monitor	[7:0]	PRI_12	SHPR3
10	13	保留	[15:8]	PRI_13	
11	14	PendSV	[23:16]	PRI_14	
12	15	SysTick	[31:24]	PRI_15	

　　以下代码对应第 1 章表 1-4,由于 IRQn_Type 为指定了成员值的枚举类型,因此,可以用强制类型转换将 IRQn_Type 类型的变量转换为整型,例如,程序段 4-1 第 24 行的

（uint32_t）（IRQn），就是将 IRQn 转换为无符号 32 位整型。如果 IRQn 为 EXTI2，则（uint32_t）（IRQn）为 8。

现在，可以直接调用 CMSIS 库中关于中断的函数实现对 NVIC 中断的管理。例如，关闭 EXTI2 中断、开放 EXTI2 中断和清除 EXTI2 中断标志位的语句依次为：

```
NVIC_DisableIRQ(EXTI2_IRQn);
NVIC_EnableIRQ(EXTI2_IRQn);
NVIC_ClearPendingIRQ(EXTI2_IRQn);
```

程序段 4-2　自定义枚举类型 IRQn_Type（摘自 stm32f10x.h 文件）

```
1    typedef enum IRQn
2    {
3    // Cortex-M3 处理器异常号
4        NonMaskableInt_IRQn        = -14,      // 不可屏蔽中断
5        MemoryManagement_IRQn      = -12,      // 4 Cortex-M3 存储器管理异常
6        BusFault_IRQn              = -11,      // 5 Cortex-M3 总线出错异常
7        UsageFault_IRQn            = -10,      // 6 Cortex-M3 Usage Fault 异常
8        SVCall_IRQn                = -5,       // 11 Cortex-M3 SV 调用异常
9        DebugMonitor_IRQn          = -4,       // 12 Cortex-M3 调试监测器异常
10       PendSV_IRQn                = -2,       // 14 Cortex-M3 请求 SV 中断
11       SysTick_IRQn               = -1,       // 15 Cortex-M3 系统节拍定时器中断
12
13   // STM32 中断号
14       WWDG_IRQn                  = 0,        // 加窗看门狗中断
15       PVD_IRQn                   = 1,        // PVD through EXTI Line detection 中断
16       TAMPER_IRQn                = 2,        // Tamper 中断
17       RTC_IRQn                   = 3,        // RTC 中断
18       FLASH_IRQn                 = 4,        // Flash 中断
19       RCC_IRQn                   = 5,        // RCC 中断
20       EXTI0_IRQn                 = 6,        // EXTI Line0 中断
21       EXTI1_IRQn                 = 7,        // EXTI Line1 中断
22       EXTI2_IRQn                 = 8,        // EXTI Line2 中断
23       EXTI3_IRQn                 = 9,        // EXTI Line3 中断
24       EXTI4_IRQn                 = 10,       // EXTI Line4 中断
25       DMA1_Channel1_IRQn         = 11,       // DMA1 Channel 1 中断
26       DMA1_Channel2_IRQn         = 12,       // DMA1 Channel 2 中断
27       DMA1_Channel3_IRQn         = 13,       // DMA1 Channel 3 中断
28       DMA1_Channel4_IRQn         = 14,       // DMA1 Channel 4 中断
29       DMA1_Channel5_IRQn         = 15,       // DMA1 Channel 5 中断
30       DMA1_Channel6_IRQn         = 16,       // DMA1 Channel 6 中断
31       DMA1_Channel7_IRQn         = 17,       // DMA1 Channel 7 中断
32       ADC1_2_IRQn                = 18,       // ADC1 and ADC2 中断
33       USB_HP_CAN1_TX_IRQn        = 19,       //USB Device HighPriority or CAN1TX 中断
34       USB_LP_CAN1_RX0_IRQn       = 20,       //USB Device LowPriority or CAN1RX0 中断
35       CAN1_RX1_IRQn              = 21,       // CAN1 RX1 中断
36       CAN1_SCE_IRQn              = 22,       // CAN1 SCE 中断
37       EXTI9_5_IRQn               = 23,       // External Line[9:5] 中断
38       TIM1_BRK_IRQn              = 24,       // TIM1 Break 中断
39       TIM1_UP_IRQn               = 25,       // TIM1 Update 中断
40       TIM1_TRG_COM_IRQn          = 26,       // TIM1 Trigger and Commutation 中断
41       TIM1_CC_IRQn               = 27,       // TIM1 Capture Compare 中断
42       TIM2_IRQn                  = 28,       // TIM2 中断
43       TIM3_IRQn                  = 29,       // TIM3 中断
44       TIM4_IRQn                  = 30,       // TIM4 中断
45       I2C1_EV_IRQn               = 31,       // I2C1 Event 中断
```

```
46     I2C1_ER_IRQn          = 32,      // I2C1 Error 中断
47     I2C2_EV_IRQn          = 33,      // I2C2 Event 中断
48     I2C2_ER_IRQn          = 34,      // I2C2 Error 中断
49     SPI1_IRQn             = 35,      // SPI1 中断
50     SPI2_IRQn             = 36,      // SPI2 中断
51     USART1_IRQn           = 37,      // USART1 中断
52     USART2_IRQn           = 38,      // USART2 中断
53     USART3_IRQn           = 39,      // USART3 中断
54     EXTI15_10_IRQn        = 40,      // External Line[15:10] 中断
55     RTCAlarm_IRQn         = 41,      // RTC Alarm through EXTI Line 中断
56     USBWakeUp_IRQn        = 42,      //USB Device WakeUp from suspend through EXTI 中断
57   } IRQn_Type;
```

4.2　GPIO 外部输入中断

根据寄存器 AFIO_EXTICR1～AFIO_EXTICR4(见表 3-3),可从 GPIO 中选择 16 个引脚配置为 16 个外部中断的输入端,如图 4-2 所示。注意,在 STM32F103C8T6 微控制器中,PC 口只有 PC13～PC15 引脚可用,PD 口只有 PD0 和 PD1 引脚可用。

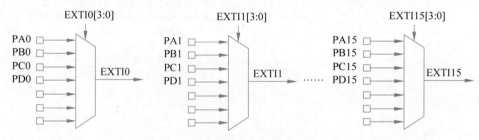

图 4-2　外部中断输入端引脚配置方法

EXTI 模块共有 19 根线路,除了外部中断 EXTI0～EXTI15 外,还有 EXTI16、EXTI17 和 EXTI18,这 3 根线路分别与 PVD 输出、RTC 报警事件和 USB 唤配事件相连接。EXTI 模块共有 6 个寄存器,即中断屏蔽寄存器 EXTI_IMR、事件屏蔽寄存器 EXTI_EMR、上升沿触发选择寄存器 EXTI_RTSR、下降沿触发选择寄存器 EXTI_FTSR、软件触发事件寄存器 EXTI_SWIER 和中断请求寄存器 EXTI_PR。EXTI 模块寄存器的基地址为 0x4001 0400,下面详细介绍各个寄存器的情况。

中断屏蔽寄存器 EXTI_IMR 的偏移地址为 0x0,复位值为 0x0,只有第[18:0]位有效,第 i 位对应着 EXTIi,清零表示屏蔽该线路上的中断请求,置 1 表示打开该线路上的中断请求。

事件屏蔽寄存器 EXTI_EMR 的偏移地址为 0x04,复位值为 0x0,只有第[18:0]位有效,第 i 位对应着 EXTIi,清零表示屏蔽该线路上的事件请求,置 1 表示打开该线路上的事件请求。

上升沿触发选择寄存器 EXTI_RTSR 的偏移地址为 0x08,复位值为 0x0,只有第[18:0]位有效,第 i 位的名称为 TRi,清零表示关闭上升沿触发中断或事件,置 1 表示打开上升沿触发中断或事件。

下降沿触发选择寄存器 EXTI_FTSR 的偏移地址为 0x0C,复位值为 0x0,只有第[18:0]位有效,第 i 位的名称记为 TRi,清零表示关闭下降沿触发中断或事件,置 1 表示打开下降沿触发中断或事件。

软件触发事件寄存器 EXTI_SWIER 的偏移地址为 0x10,复位值为 0x0,只有第[18:0]位有效,第 i 位记为 SWIERi,当 EXTIi 中断有效且 SWIERi = 0 时,向 SWIERi 中写入 1,将触发中断请求。

中断请求寄存器 EXTI_PR 的偏移地址为 0x14,只有第[18:0]位有效,第 i 位记为 PRi,如果第 i 个中断触发了,则 PRi 自动置 1,向 PRi 写入 1 清零该位,同时清零 SWIERi 位中的 1。

4.3 用户按键中断实例

结合第 2 章图 2-2 和图 2-5 可知,STM32F103C8T6 微控制器的 PA6 和 PA7 分别受按键 S3 和 S4 控制;结合图 2-2 和图 2-4 可知,PB15 控制蜂鸣器 B1 的开启与关闭。

本节拟设计工程,实现如下功能:

(1) 按键 S3 作为外部中断 EXTI6 输入端,当按下按键 S3 时,蜂鸣器鸣叫;

(2) 按键 S4 作为外部中断 EXTI7 输入端,当按下按键 S4 时,蜂鸣器静默。

4.3.1 寄存器类型工程实例

视频讲解

在工程 PRJ01 的基础上,新建工程 PRJ02,保存在目录 D:\STM32F103C8T6REG\PRJ02 下,此时的工程 PRJ02 与工程 PRJ01 完全相同。修改 includes.h 和 bsp.c 文件,并新建 beep.c、beep.h、key.c 和 key.h 文件,新建的文件均保存在目录 D:\STM32F103C8T6REG\PRJ02\BSP 下,然后,将 beep.c 和 key.c 文件添加到 BSP 分组下,建设好的工程如图 4-3 所示。

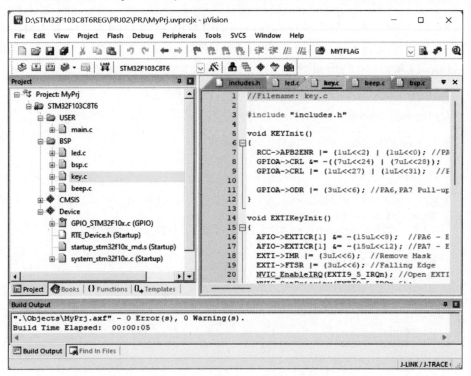

图 4-3 工程 PRJ02 工作窗口

修改后的 includes. h 和 bsp. c 文件分别如程序段 4-3 和程序段 4-4 所示,新创建的文件 beep. c、beep. h、key. c 和 key. h 分别如程序段 4-5~程序段 4-8 所示。

程序段 4-3　文件 includes. h

```
1    //Filename: includes.h
2
3    # include "stm32f10x.h"
4
5    # include "vartypes.h"
6    # include "bsp.h"
7    # include "led.h"
8    # include "key.h"
9    # include "beep.h"
```

文件 includes. h 为总的包括头文件,包括工程 PRJ02 中全部的用户程序头文件,如第 5~9 行所示。

程序段 4-4　文件 bsp. c

```
1    //Filename: bsp.c
2
3    # include "includes.h"
4
5    void BSPInit()
6    {
7      LEDInit();
8      BEEPInit();
9      KEYInit();
10     EXTIKeyInit();
11   }
```

文件 bsp. c 只有一个函数 BSPInit,在该函数中调用了 LED 初始化函数 LEDInit、蜂鸣器初始化函数 BEEPInit、按键初始化函数 KEYInit 和外部输入中断初始化函数 EXTIKeyInit,如第 7~10 行所示,可见,BSPInit 函数是总的系统初始化函数。

程序段 4-5　文件 beep. c

```
1    //Filename: beep.c
2
3    # include "includes.h"
4
5    void BEEPInit()
6    {
7      RCC -> APB2ENR | = (1uL << 3);            //开放 PB 口时钟
8      GPIOB -> CRH | = (1uL << 29);
9      GPIOB -> CRH & = ~((3uL << 30) | (1uL << 28)); //PB15 打开蜂鸣器
10
11     GPIOB -> BRR = (1uL << 15);               //关闭蜂鸣器
12   }
13
14   void BEEP(Int08U state)
15   {
16     if(state)                                 //1—打开, 0—关闭
17         GPIOB -> BSRR = (1uL << 15);
18     else
19         GPIOB -> BRR = (1uL << 15);
20   }
```

文件 beep.c 用于驱动蜂鸣器,包括蜂鸣器初始化函数 BEEPInit 和蜂鸣器工作函数 BEEP。由于 PB15 口与蜂鸣器控制端相连接,所以在初始化函数 BEEPInit 中,应首先打开 PB 口的时钟源(第 7 行),接着配置 PB15 口工作在推挽输出模式下(第 8～9 行),然后,使 PB15 输出低电平(第 11 行),即关闭蜂鸣器。第 14～20 行的函数 BEEP 中,如果参数 state 为 1,则第 17 行设置 PB15 输出高电平,蜂鸣器鸣叫;如果 state 为 0,则第 19 行设置 PB15 输出低电平,关闭蜂鸣器。

程序段 4-6　文件 beep.h

```
1    //Filename: beep.h
2
3    # include "vartypes.h"
4
5    # ifndef _BEEP_H
6    # define _BEEP_H
7
8    void BEEPInit();
9    void BEEP(Int08U state);
10
11   # endif
```

文件 beep.h 中声明了文件 beep.c 中定义的函数 BEEPInit 和 BEEP。

程序段 4-7　文件 key.c

```
1    //Filename: key.c
2
3    # include "includes.h"
4
5    void KEYInit()
6    {
7      RCC->APB2ENR |= (1uL<<2)|(1uL<<0);      //开放 PA 口时钟,AFIO 使能
8      GPIOA->CRL &= ~((7uL<<24)|(7uL<<28));
9      GPIOA->CRL |= (1uL<<27)|(1uL<<31);      //PA6,PA7 设为输入
10
11     GPIOA->ODR |= (3uL<<6);                 //PA6,PA7 设为上拉有效
12   }
13
```

第 5～12 行为 KEYInit 函数。由于按键 S3 和 S4 分别占用了 PA6 口和 PA7 口,所以第 7 行打开 PA 口和替换功能 AFIO 模块的时钟源(参考图 3-7)。第 8～9 行配置 PA6 口～ PA7 口为带上拉的输入口,第 11 行将 PA6 口～PA7 口的输出寄存器设为高,相当于为按键 S3 和 S4 提供上拉电平(见图 2-5)。

```
14   void EXTIKeyInit()
15   {
16     AFIO->EXTICR[1] &= ~(15uL<<8);          //PA6 口用作外部中断 EXTI6
17     AFIO->EXTICR[1] &= ~(15uL<<12);         //PA7 口用作外部中断 EXTI7
18     EXTI->IMR |= (3uL<<6);                  //关闭中断屏蔽
19     EXTI->FTSR |= (3uL<<6);                 //下降沿触发
20     NVIC_EnableIRQ(EXTI9_5_IRQn);           //开放外部中断 EXTI6,EXTI7
21     NVIC_SetPriority(EXTI9_5_IRQn,5);
22   }
23
```

在 EXTIKeyInit 函数中,第 16 行将 PA6 口(按键 S3)用作外部中断 EXTI6 输入,第 17 行

将 PA7 口(按键 S4)作为外部中断 EXTI7 输入。参考表 3-3 可知,将 PA6 口用作外部中断 EXTI6 输入,即将 EXTI6[3:0]设置为 0;同理,将 PA7 口用作外部中断 EXTI7 输入,即将 EXTI7[3:0]设置为 0。由于 EXTI6[3:0]和 EXTI7[3:0]分别位于寄存器 AFIO_EXTICR2 (即第 16、17 行的 AFIO-> EXTICR[1])的第[11:8]位和第[15:12]位,所以第 16~17 行中的配置字中出现了"<< 8"和"<< 12"。

第 18 行打开外部中断 EXTI6 和 EXTI7,第 19 行配置这两个外部中断为下降沿触发。

第 20 行调用 CMSIS 库函数 NVIC_EnableIRQ 开放中断 EXTI6 和 EXTI7,由于 EXTI6 和 EXTI7 中断共享同一个中断入口 EXTI9_5_IRQn,故第 20 行的参数为 EXTI9_5_IRQn。结合第 18 行可知,外部中断的开放需要两步:首先要配置 EXTI 模块中的 EXTI_IMR 寄存器使外部中断的线路有效;然后,还要开放外部中断对应的 NVIC 中断。第 21 行配置 NVIC 中断 EXTI9_5_IRQn 的优先级号为 5。

因此,第 14~22 行的函数 EXTIKeyInit 实现的作用为:

(1) 将外部按键对应的引脚配置为中断功能;

(2) 开放 EXTI 模块中的外部输入中断;

(3) 配置外部输入中断均为下降沿触发类型;

(4) 开放 NVIC 管理器中中断对应的 NVIC 中断;

(5) 配置外部输入中断的优先级,共有 16 级,优先级号取值范围为 0~15。

```
24    void EXTI9_5_IRQHandler()
25    {
26      if((EXTI -> PR & (1uL << 6)) == (1uL << 6))        //PA6 口对应按键 S3
27      {
28          BEEP(1);
29          EXTI -> PR = (1uL << 6);
30      }
31      if((EXTI -> PR & (1uL << 7)) == (1uL << 7))        //PA7 口对应按键 S4
32      {
33          BEEP(0);
34          EXTI -> PR = (1uL << 7);
35      }
36
37      NVIC_ClearPendingIRQ(EXTI9_5_IRQn);
38    }
```

第 24~38 行为外部中断 EXTI9_5 的中断服务函数,函数名必须为 EXTI9_5_IRQHandler。当按键 S3 被按下后,将触发 EXTI6 中断(第 26 行为真),执行第 27~30 行,即打开蜂鸣器(第 28 行),清除 EXTI6 中断标志位(第 29 行)。当按键 S4 被按下后,将触发 EXTI7 中断(第 31 行为真),执行第 32~35 行,即关闭蜂鸣器(第 33 行),清除 EXTI7 中断标志位(第 34 行)。第 37 行清除 NVIC 寄存器中 EXTI9_5 中断对应的标志位。

程序段 4-8   文件 key.h

```
1    //Filename: key.h
2
3    # ifndef _KEY_H
4    # define _KEY_H
5
6    void KEYInit();
7    void EXTIKeyInit();
```

```
8
9      #endif
```

文件 key.h 中声明了 KEYInit 和 EXTIKeyInit 函数,这两个函数位于 key.c 文件中,KEYInit 函数用于初始化按键 S3 和 S4,EXTIKeyInit 函数用于配置外部中断 EXTI6 和中断 EXTI7。

注意,文件 key.c 中的中断服务函数 EXTI9_5_IRQHandler 无须声明,因为中断服务函数不是由主函数或其他函数调用执行的,而是由硬件的中断系统被触发了相应的中断后自动调用的。

工程 PRJ02 的工作流程如图 4-4 所示。

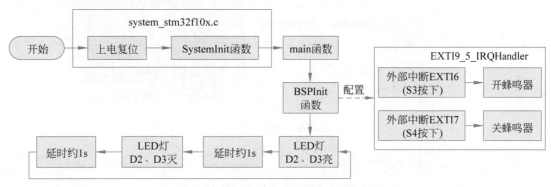

图 4-4　工程 PRJ02 的工作流程

由图 4-4 可知,工程 PRJ02 运行到主函数 main 后,执行 BSPInit 函数初始化 LED 灯、按键、蜂鸣器和外部中断等外设,然后进行无限循环体,执行 LED 灯 D2、D3 的循环闪烁功能。工程 PRJ02 中有一个中断服务函数,当按键 S3 被按下时,执行 EXTI9_5_IRQHandler 函数中与 EXTI6 中断相关的代码部分,打开蜂鸣器;当按键 S4 被按下时,执行 EXTI9_5_IRQHandler 函数中与 EXTI7 中断相关的代码部分,关闭蜂鸣器。

4.3.2　HAL 类型工程实例

视频讲解

本小节讨论的工程与 4.3.1 节的工程 PRJ02 实现的功能完全相同,这里使用 HAL 方式进行工程设计。在工程 HPrj01 的基础上,新建工程 HPrj02,保存在目录 D:\STM32F103C8T6HAL\HPrj02 下,此时的工程 HPrj02 与工程 HPrj01 完全相同,需要做的修改如下。

(1) 打开 STM32CubeMX 软件,图形化配置 PA6 为外部中断 6 输入引脚,下降沿触发中断;将 PA7 配置为外部中断 7 输入引脚,下降沿触发中断;将 PB15 配置为带上拉的输出引脚,如图 4-5 所示。

然后,在图 4-5 中选择左侧 NVIC,在其中的"EXTI line[9:5] interrupts"使能,即使外部输入中断 5~9 处于工作状态,这里仅使用了外部中断 6 和外部中断 7。

(2) 在图 4-5 中,单击 GENERATE CODE 生成 HAL 类型的工程。此时的工程 HPrj02 如图 4-6 所示。

(3) 修改文件 includes.h,新建文件 key.c、beep.c 和 beep.h,新建的文件均保存在目录 D:\STM32F103C8T6HAL\HPrj02\BSP 下。然后,将 key.c 和 beep.c 文件添加到工程管

图 4-5　配置 PA6、PA7 和 PB15 引脚

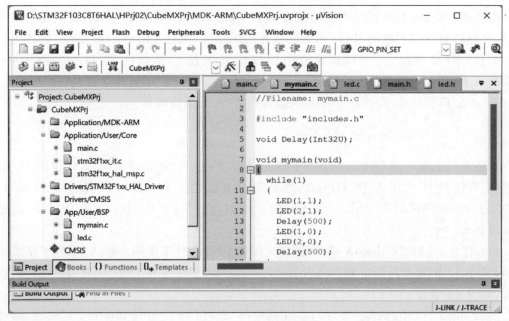

图 4-6　工程 HPrj02

理器的 App/USER/BSP 分组下。建设好的工程 HPrj02 如图 4-7 所示,其运行结果与工程 HPrj01 相同。

　　相对于工程 HPrj01,工程 HPrj02 中修改或新建的文件 includes.h、key.c、beep.c 和 beep.h 的内容,如程序段 4-9～程序段 4-12 所示。

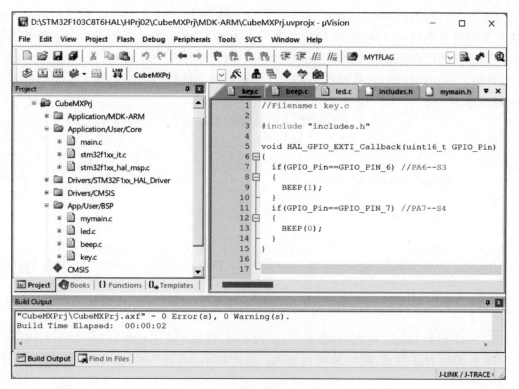

图 4-7　建设好的工程 HPrj02

程序段 4-9　文件 includes.h

```
1    //Filename: includes.h
2
3    # include "main.h"
4
5    # include "vartypes.h"
6    # include "led.h"
7    # include "beep.h"
```

相对于程序段 3-12，这里添加了第 7 行，即包括头文件 beep.h。

程序段 4-10　文件 key.c

```
1    //Filename: key.c
2
3    # include "includes.h"
4
5    void HAL_GPIO_EXTI_Callback(uint16_t GPIO_Pin)
6    {
7      if(GPIO_Pin == GPIO_PIN_6)                    //PA6—S3
8      {
9          BEEP(1);
10     }
11     if(GPIO_Pin == GPIO_PIN_7)                    //PA7—S4
12     {
13         BEEP(0);
14     }
15   }
```

　　这里第 5 行的函数 HAL_GPIO_EXTI_Callback 为外部输入中断的回调函数,当外部中断发生后将自动调用该函数,该函数只有一个参数 GPIO_Pin,当外部输入中断触发后,触发外部中断的引脚保存在 GPIO_Pin 中。第 7~13 行为两个 if 语句,当外部中断 6 触发后,执行第 7~10 行的语句,蜂鸣器鸣叫;当外部中断 7 触发后,执行第 11~14 行的语句,关闭蜂鸣器。

程序段 4-11　　文件 beep.c

```
1    //Filename: beep.c
2
3    # include "includes.h"
4
5    void BEEP(Int08U state)
6    {
7      if(state)                                   //1—打开, 0—关闭
8          HAL_GPIO_WritePin(GPIOB, GPIO_PIN_15, GPIO_PIN_SET);    //PB15 引脚设为高电平
9      else
10         HAL_GPIO_WritePin(GPIOB, GPIO_PIN_15, GPIO_PIN_RESET);  //PB15 引脚输出高电平
11   }
```

　　第 5~11 行为 BEEP 函数,当参数 state 为 1 时,调用 HAL 函数 HAL_GPIO_WritePin 将 PB15 引脚设为高电平,此时蜂鸣器鸣叫;当参数 state 为 0 时,使 PB15 引脚输出低电平,关闭蜂鸣器。

程序段 4-12　　文件 beep.h

```
1    //Filename: beep.h
2
3    # include "vartypes.h"
4
5    # ifndef _BEEP_H
6    # define _BEEP_H
7
8    void BEEP(Int08U state);
9
10   # endif
```

文件 beep.h 中声明了文件 beep.c 中的函数 BEEP。

4.4　本章小结

　　本章介绍了嵌套向量中断控制器 NVIC 的工作原理和 GPIO 作为外部中断的程序设计方法,然后以按键控制为例,讨论了下降沿触发中断的方法,并给出了寄存器类型和 HAL 类型的工程程序。外部中断是 STM32F103C8T6 微控制器响应外部异步事件的唯一方式,中断的处理能力是反映 STM23F103C8T6 的性能和灵活性的重要指标。建议读者在学习本章内容后,仔细阅读 STM32CubeMX 手册和 HAL 库文件,充分掌握基于 STM32CubeMX 的 HAL 工程程序设计方法,并设计上升沿触发中断的 HAL 工程程序。下一章介绍定时器时将继续使用 NVIC 中断。

■ 习题 ◆

1. 阐述与中断控制相关的操作及其 CMSIS 库函数。

2. 结合本章内容,说明 GPIO 外部输入中断的响应处理方法。

3. 编写寄存器类型工程,实现对按键的中断输入响应,用 LED 灯状态反映按键的按下或弹开操作。

4. 编写 HAL 类型工程,实现对按键的中断输入响应,用 LED 灯状态反映按键的按下或弹开操作。

5. 说明将 PB12 配置为外部中断输入 EXTI12 的方法。

6. 简要简述中断优先级的配置方法。

第5章 定 时 器

本章将介绍 STM32F103C8T6 片内定时器的结构和用法,按照从简单到复杂的顺序依次介绍系统节拍定时器、看门狗定时器、实时时钟和通用定时器,其中,系统节拍定时器是 Cortex-M3 内核的定时器组件,主要用于为嵌入式实时操作系统提供时钟节拍(一般定时频率取为 100 Hz)。STM32F103C8T6 具有 4 个定时器,其中定时器 1 为高级定时器、定时器 2～4 为通用定时器,本章将主要介绍通用定时器,且以定时器 2 为例。

本章的学习目标:

- 了解看门狗定时器与实时时钟;
- 熟悉系统节拍定时器的工作原理;
- 掌握系统节拍定时器的 HAL 类型程序设计方法;
- 熟练应用寄存器或 HAL 库进行通用定时器程序设计。

5.1 系统节拍定时器

系统节拍定时器 SysTick 是一个 24 位的减计数器,常用于产生 100 Hz 的定时中断(即系统节拍定时器异常,见表 1-4),用作嵌入式实时操作系统的时钟节拍。

5.1.1 系统节拍定时器的工作原理

系统节拍定时器的结构如图 5-1 所示。

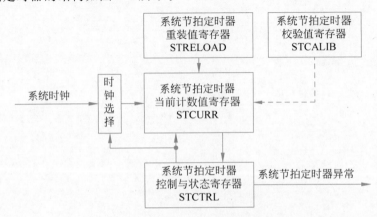

图 5-1 系统节拍定时器的结构

图 5-1 表明系统节拍定时器有 4 个相关的寄存器,即 STCTRL、STRELOAD、STCURR 和 STCALIB,了解了这 4 个寄存器的内容,即可掌握系统节拍定时器的工作原理。这 4 个寄存器的内容如表 5-1~表 5-4 所示。

表 5-1 系统节拍定时器控制与状态寄存器 STCTRL

位 号	符 号	复位值	含 义
0	ENABLE	0	写入 1,启动系统节拍定时器;写入 0,关闭系统节拍定时器
1	TICKINT	0	写入 1,开放系统节拍定时器定时中断;写入 0,关闭系统节拍定时器定时中断
2	CLKSOURCE	1	写入 1,选择系统时钟为系统节拍定时器时钟源;写入 0,选择外部时钟为系统节拍定时器时钟源,对于 STM32F103C8T6 无效
15:3	—	—	保留,仅能写入 0
16	COUNTFLAG	0	当系统节拍定时器减计数到 0 时,该位自动置位,读 STCTRL 寄存器时自动清零
31:17	—	—	保留,仅能写入 0

表 5-2 系统节拍定时器重装值寄存器 STRELOAD

位 号	符 号	复位值	含 义
23:0	RELOAD	0	系统节拍计数器计数到 0 后,下一个时钟节拍后将 RELOAD 的值装入 STCURR 寄存器中
31:24	—	—	保留,仅能写入 0

表 5-3 系统节拍定时器当前计数值寄存器 STCURR

位 号	符 号	复位值	含 义
32:0	CURRENT	0	可读出系统节拍定时器的当前定时值;写入任意值,都将清除 CURRENT 的值,并清除 STCTRL 寄存器的 COUNTFLAG 位
31:24	—	—	保留,仅能写入 0

表 5-4 系统节拍定时器校验值寄存器 STCALIB

位 号	符 号	复位值	含 义
23:0	TENMS	0x2328	当系统时钟为 9MHz 时,1ms 定时间隔的计数值,这里的 0x2328 为十进制数 9000
29:24	—	—	保留,仅能写入 0
30	SKEW	0	为 0 表示 TENMS 的值是准确的;为 1 表示 TENMS 的值是不准确的
31	NOREF	0	为 0 表示有独立的参考时钟;为 1 表示独立的参考时钟不可用

根据上述对系统节拍定时器的分析,可知设计一个定时频率为 100Hz(即定时周期为 10ms)的系统时钟节拍定时器,可采用以下语句(结合上述表 5-1~表 5-4)。

(1) 配置 STCTRL 为(1uL ≪ 1) | (1uL ≪ 2),即关闭系统节拍定时器并开放系统节拍定时器中断,同时设置系统时钟为系统节拍定时器时钟源。此时对于 STM32F103C8T6 微控制器而言,系统时钟为 72MHz,芯片手册上明确说明系统时钟的 8 分频值用作系统节

拍定时器的输入时钟信号(见图 1-3),但实际测试发现,系统节拍定时器的输入时钟信号仍然是 72MHz,即没有所谓的 8 分频器。

(2) 向 STCURR 寄存器写入任意值,如写入 0,清除 STCURR 的值,同时清除 STCTRL 的 COUNTFLAG 位。

(3) 向 STRELOAD 寄存器写入 720000-1,即十六进制数 0x1193F。

(4) 配置 STCTRL 的第 0 位为 1(其余位保持不变),启动系统节拍定时器。

系统节拍定时器相关的寄存器定义在 CMSIS 库头文件 core_cm3.h 中,如程序段 5-1 所示。

程序段 5-1 系统节拍定时器相关的寄存器定义(摘自 core_cm3.h 文件)

```
1    typedef struct
2    {
3      __IO uint32_t CTRL;    // 偏移地址:0x000(可读/可写)系统节拍定时器控制与状态寄存器
4      __IO uint32_t LOAD;    //偏移地址:0x004(可读/可写)系统节拍定时器重装值寄存器
5      __IO uint32_t VAL;     //偏移地址:0x008(可读/可写)系统节拍定时器当前计数值寄存器
6      __I uint32_t CALIB;    //偏移地址:0x00C(只读)系统节拍定时器校验值寄存器
7    } SysTick_Type;
8
9    #define SCS_BASE          (0xE000E000UL)
10   #define SysTick_BASE      (SCS_BASE + 0x0010UL)
11
12   #define SysTick           ((SysTick_Type *)SysTick_BASE)
```

系统节拍定时器的 4 个寄存器 STCTRL、STRELOAD、STCURR 和 STCALIB 的地址分别为 0xE000 E010、0xE000 E014、0xE000 E018 和 0xE000 E01C。上述程序段第 1~7 行自定义结构体类型 SysTick_Type 的各个成员与系统节拍定时器的 4 个寄存器按偏移地址一一对应(基地址为 0xE000 E010),因此,第 12 行的 SysTick 为指向系统节拍定时器的各个寄存器的结构体指针。

在 CMSIS 库头文件 core_cm3.h 中还定义了一个初始化系统节拍定时器的函数,如程序段 5-2 所示。

程序段 5-2 系统节拍定时器初始化函数(摘自 core_cm3.h 文件)

```
1    __STATIC_INLINE uint32_t SysTick_Config(uint32_t ticks)
2    {
3      if ((ticks - 1UL) > SysTick_LOAD_RELOAD_Msk)
4      {
5        return (1UL);
6      }
7      SysTick->LOAD = (uint32_t)(ticks - 1UL);
8      NVIC_SetPriority (SysTick_IRQn, (1UL << __NVIC_PRIO_BITS) - 1UL);
9      SysTick->VAL = 0UL;
10     SysTick->CTRL = SysTick_CTRL_CLKSOURCE_Msk |
11                     SysTick_CTRL_TICKINT_Msk |
12                     SysTick_CTRL_ENABLE_Msk;
13     return (0UL);
14   }
```

函数 SysTick_Config 用于初始化系统定时器 SysTick,参数 ticks 表示系统节拍定时器的计数初值。第 1 行的 uint32_t 为自定义的无符号 32 位整型类型,__STATIC_INLINE 即 static inline,用于定义静态内敛函数。第 3 行的 SysTick_LOAD_RELOAD_Msk 为宏常量 0x00FF FFFF,这是因为系统节拍定时器是 24 位的减计数器,最大值为 0x00FF FFFF,

所以,当第 3 行为真时,说明参数 ticks 的值超过了系统节拍定时器的最大计数值,故第 5 行返回 1,表示出错。第 7 行将 ticks 计数值减去 1 的值作为初值赋给 LOAD 寄存器(即系统节拍定时器重装值寄存器 STRELOAD),第 8 行调用 CMSIS 库函数 NVIC_SetPriority 设置系统节拍定时器异常的优先级号为 15(参考表 4-2 和程序段 4-2)。第 9 行向 VAL 寄存器(即系统节拍定时器当前计数值寄存器 STCURR)写入 0,使得 LOAD 内的值装入 VAL 寄存器中。第 10 行启动系统节拍定时器,并且打开系统节拍定时器中断,其中,宏常量 SysTick_CTRL_CLKSOURCE_Msk、SysTick_CTRL_TICKINT_Msk 和 SysTick_CTRL_ENABLE_Msk 依次为(1uL << 2)、(1uL << 1)和(1uL << 0)。

根据程序段 5-2 可知,设计一个定时频率为 100Hz(即定时周期为 10ms)的系统时钟节拍定时器,只需要调用语句 SysTick_Config(720000uL)即可。

5.1.2 系统节拍定时器的寄存器工程实例

视频讲解

系统节拍定时器异常一般用作嵌入式实时操作系统的时钟节拍,也可以用作普通的定时中断处理。这里使用系统节拍定时器实现 LED 灯 D3 的闪烁功能,其实现步骤如下。

(1) 在工程 PRJ02 的基础上,新建寄存器类型的工程 PRJ03,保存在目录 D:\STM32F103C8T6REG\PRJ03 下,此时的工程 PRJ03 与工程 PRJ02 完全相同。

(2) 新建文件 systick.c 和 systick.h,这两个文件保存在目录 D:\STM32F103C8T6REG\PRJ03\BSP 下,其代码分别如程序段 5-3 和程序段 5-4 所示。

程序段 5-3 文件 systick.c

```
1    //Filename:systick.c
2
3    # include "includes.h"
4
5    void SysTickInit(void)
6    {
7      SysTick_Config(720000uL);
8    }
9
10   void SysTick_Handler(void)
11   {
12     static Int08U i = 0;
13     i++;
14     if(i == 100)
15         LED(2,1);
16     if(i == 200)
17     {
18         i = 0;
19         LED(2,0);
20     }
21   }
```

第 5～8 行的函数 SysTickInit 调用系统函数 SysTick_Config(第 7 行),配置系统节拍定时器的工作频率为 100Hz。

第 10～21 行为系统节拍定时器异常服务函数,第 10 行的函数名 SysTick_Handler 是系统指定的,参考 1.6 节,该函数名来自启动文件 startup_stm32f10x_md.s 中同名的标号。第 12 行定义静态变量 i,如果 i 累加到 100(表示经过了 1s),则 LED 灯 D3 亮(第 15 行);如果 i 从 100 累加到 200(表示又经过了 1s),则 LED 灯 D3 灭(第 19 行),同时把变量 i 清零。

程序段 5-4   文件 systick.h

```
1    //Filename: systick.h
2
3    # ifndef _SYSTICK_H
4    # define _SYSTICK_H
5
6    void SysTickInit(void);
7
8    # endif
```

文件 systick.h 中声明了文件 systick.c 中定义的函数 SysTickInit(第 6 行),该函数用于系统节拍定时器的初始化。

(3) 修改文件 main.c、includes.h 和 bsp.c,分别如程序段 5-5~程序段 5-7 所示。

程序段 5-5   文件 main.c

```
1    //Filename: main.c
2
3    # include "includes.h"
4
5    int main(void)
6    {
7      BSPInit();
8      while(1)
9      {
10     }
11     return 0;
12   }
```

在文件 main.c 中,main 函数仅在第 7 行调用 BSPInit 函数实现外设的初始化,然后,进入一个空的无限循环体(第 8~10 行),因此,main 函数中不执行具体的处理工作。

程序段 5-6   文件 includes.h

```
1    //Filename: includes.h
2
3    # include "stm32f10x.h"
4
5    # include "vartypes.h"
6    # include "bsp.h"
7    # include "led.h"
8    # include "key.h"
9    # include "beep.h"
10   # include "systick.h"
```

相对于程序段 4-3 而言,这里添加了第 10 行,即包括 systick.h 头文件。

程序段 5-7   文件 bsp.c

```
1    //Filename: bsp.c
2
3    # include "includes.h"
4
5    void BSPInit()
6    {
7      LEDInit();
```

```
8        BEEPInit();
9        KEYInit();
10       EXTIKeyInit();
11       SysTickInit();
12   }
```

相对于程序段 4-4 而言,这里添加了第 11 行,即调用了系统节拍定时器初始化函数。

(4) 将 systick.c 文件添加到工程管理器的 BSP 分组下,建设好的工程 PRJ03 如图 5-2 所示。

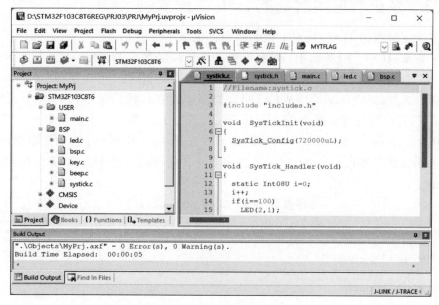

图 5-2　工程 PRJ03 工作窗口

工程 PRJ03 的工作流程如图 5-3 所示。

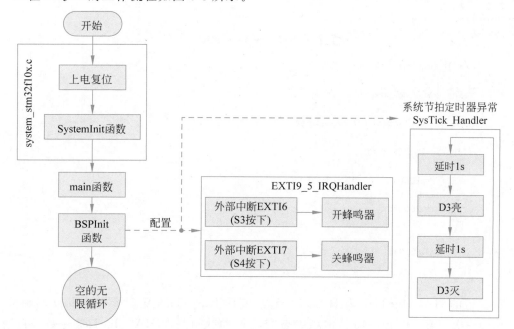

图 5-3　工程 PRJ03 的工作流程

由图 5-3 可知,在工程 PRJ03 中,主函数 main 主要完成了系统的外设初始化工作,同时,工程 PRJ03 保留了工程 PRJ02 中的按键处理功能,并添加了系统节拍定时器功能。由于配置系统节拍定时器的工作频率为 100Hz,所以,定时异常每触发 100 次相当于延时 1s。添加静态计数变量,使得系统节拍定时器异常服务函数实现了每隔 1s 使 LED 灯 D3 状态切换一次的功能。

视频讲解

5.1.3 系统节拍定时器的 HAL 工程实例

系统节拍定时器的 HAL 类型工程的建设方法如下。

(1) 在工程 HPrj02 的基础上,新建工程 HPrj03,保存在 D:\STM32F103C8T6HAL\HPrj03 目录下,此时的工程 HPrj03 与工程 HPrj02 完全相同。

(2) 基于 STM32CubeMX 生成的 HAL 类型工程在默认情况下,SysTick 定时器工作在 1000Hz 下,其中断处理函数为 HAL_IncTick,即每 1ms 执行一次该函数。

(3) 修改 mymain.c,如程序段 5-8 所示,即函数 mymain 中仅有一个空的无限循环体;新建文件 systick.c,其代码如程序段 5-9 所示。这两个文件保存在目录 D:\STM32F103C8T6HAL\HPrj03\BSP 下。

程序段 5-8　文件 mymain.c

```
1    //Filename: mymain.c
2
3    # include "includes.h"
4
5    void mymain(void)
6    {
7      while(1)
8      {
9      }
10   }
```

程序段 5-9　文件 systick.c

```
1    //Filename:systick.c
2
3    # include "includes.h"
4
5    void HAL_IncTick(void) //SysTick: 1kHz
6    {
7      static Int16U i = 0;
8      i++;
9      if(i == 1000)
10         LED(2,1);
11     if(i == 2000)
12     {
13         i = 0;
14         LED(2,0);
15     }
16   }
```

第 5 行的 HAL_IncTick 为 HAL 库函数,实质上 SysTick 定时器的中断回调函数,每 1ms 执行一次。第 7 行定义 16 位整型静态变量 i;每执行一次 HAL_IncTick 函数,i 自增 1;如果 i 累加到 1000(即经历 1s),则执行第 9~10 行,LED 灯 D3 亮;如果 i 累加到 2000(即又经历 1s),则执行第 11~15 行,清零 i,同时 LED 灯 D3 灭。

(4) 将 systick.c 文件添加到工程管理器的 App/User/BSP 分组下,即完成工程 HPrj03 的建设工作,如图 5-4 所示。

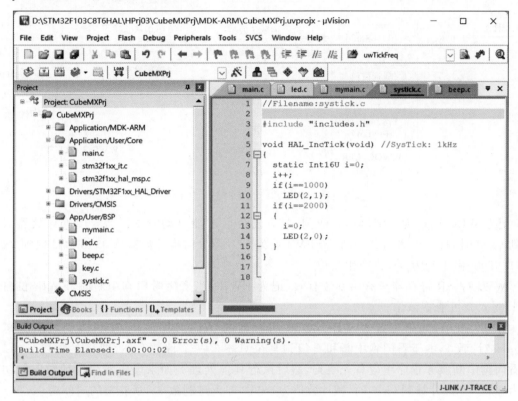

图 5-4 工程 HPrj03 工作窗口

5.2 看门狗定时器

STM32F103C8T6 微控制器中有两个看门狗,即独立看门狗和窗口看门狗。本书仅介绍相对复杂的窗口看门狗。

5.2.1 窗口看门狗定时器的工作原理

窗口看门狗定时器的结构如图 5-5 所示。

由图 5-5 可知,窗口看门狗定时器的时钟源为 PCLK1(工作频率为 36MHz),经过 4096 分频后,再经过 WWDG_CFR 寄存器指定的分频后,送给看门狗计数器。这里的 WWDG_CFR 寄存器只有第[9:0]位有效,其中,第[8:7]位记为 WDGTB[1:0],用于指定分频值为 $1/2^{\text{WDGTB}[1:0]}$,例如,WDGTB[1:0]设为 11b,则分频值为 1/8。WWDG_CFR 的第 9 位记为 EWI,该位置 1,则看门狗计数器 T[6:0]减计数到 0x40 时,产生看门狗中断。WWDG_CFR 的第[6:0]位为窗口,最大值为 0x7F,最小值为 0x41,当 T[6:0]的值大于 W[6:0]的值时,向 T[6:0]赋值(即喂狗)将产生复位。

WWDG_CR 寄存器只有第[7:0]位有效,其中,第[6:0]位为看门狗计数器 T[6:0],第

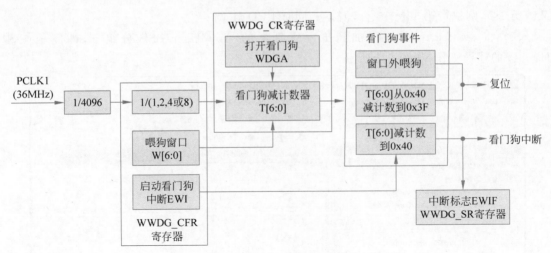

图 5-5　窗口看门狗定时器的结构

7 位记为 WDGA,设为 1 则启动看门狗,只有复位后才能自动清零。当看门狗计数器减计数到 0x40 时,将产生看门狗中断(若 EWI 位为 1);当看门狗计数器从 0x40 减计数到 0x3F 时(即 T[6] 由 1 变为 0),将产生复位。

WWDG_SR 寄存器只有第 0 位有效,记为 EWIF,当产生看门狗中断时,EWIF 位自动置 1,写入 0 可清零该位。

在图 5-5 中,如果配置 WWDG_CFR 寄存器的 WDGTB[1:0] 为 11b,则看门狗每隔 910μs 减计数 1,由于看门狗中断和看门狗复位只相差一个计数时间,即相差 910μs,所以,在看门狗中断服务程序中应首先喂狗,然后执行其他处理。如果设定看门狗计数器的初始值为 0x6D,则减计数到 0x40 时,减计数值为 0x2D,即十进制数 45,所花费的时间为 40.96ms,即看门狗中断每 40.96ms 触发一次。在 5.2.2 节的工程实例中,使用了该配置方式。

5.2.2　窗口看门狗定时器的寄存器类型实例

视频讲解

本小节拟把看门狗定时器 WWDG 用作普通的定时器,实现每隔 1s LED 灯 D3 闪烁的功能。

在工程 PRJ02 的基础上,新建工程 PRJ04,保存在目录 D:\STM32F103C8T6REG\ PRJ04 下,此时的工程 PRJ04 与工程 PRJ02 完全相同。然后,执行以下的步骤。

(1) 修改文件 main.c,如程序段 5-5 所示,即在 main 函数的无限循环体中,不执行任何处理。

(2) 新建文件 wwdog.c 和 wwdog.h,如程序段 5-10 和程序段 5-11 所示,保存在目录 D:\STM32F103C8T6REG\PRJ04\BSP 下。

程序段 5-10　文件 wwdog.c

```
1    //Filename: wwdog.c
2
3    # include "includes.h"
4
5    void WWDOGInit(void)
6    {
7        RCC -> APB1ENR |= (1uL << 11);
8
9        WWDG -> CR = 0x6D;                        // T[6:0] = 0x6D
10       WWDG -> CFR = (1uL << 9) | (3uL << 7) | (0x40 << 0);   //打开看门狗中断,8 分频
```

```
11      WWDG - > SR = 0;
12      WWDG - > CR |= (1uL << 7);              //打开看门狗
13      NVIC_EnableIRQ(WWDG_IRQn);
14   }
15
16   void WWDG_IRQHandler(void)
17   {
18      static Int16U i = 0;
19
20      WWDG - > CR = 0x6D;
21
22      i++;
23      if(i == 25)
24          LED(2,1);
25      if(i == 50)
26      {
27          i = 0;
28          LED(2,0);
29      }
30
31      WWDG - > SR = 0;
32      NVIC_ClearPendingIRQ(WWDG_IRQn);
33   }
```

第5～14行为看门狗定时器初始化函数WWDOGInit。第7行打开看门狗定时器时钟源(RCC_APB1ENR寄存器含义请参考STM32F103参考手册,其中,第11位置1表示打开看门狗定时器的时钟源);第9行向看门狗计数器赋初值0x6D;第10行设置看门狗中断有效、1/8分频值和窗口值为0x40,表示在0x40至0x7F间(这是窗口大小)间可正常"喂狗",不触发复位异常;第11行清零中断标志位;第12行启动看门狗定时器。第13行调用CMSIS库函数打开看门狗NVIC中断。

第16～33行为看门狗中断服务函数WWDG_IRQHandler,该函数名是系统设定的(参考1.6节)。第18行定义静态变量i,第20行喂狗;第22～29行执行LED灯D3的闪烁操作,由于看门狗中断每40.96ms触发一次,触发25次约1s,当i累加到25时,LED灯D3亮,当i由25累加到50时,LED灯D3灭。第31行清零看门狗中断标志位;第32行清除看门狗中断的NVIC中断标志位。

程序段5-11　文件wwdog.h

```
1    //Filename: wwdog.h
2
3    # ifndef _WWDOG_H
4    # define _WWDOG_H
5
6    void WWDOGInit(void);
7
8    # endif
```

文件wwdog.h是文件wwdog.c对应的头文件,用于声明wwdog.c中定义的函数,这里第6行声明了WWDOGInit函数。

(3) 在includes.h文件的末尾添加语句#include "wwdog.h",即在总的包括头文件中包括文件wwdog.h。

(4) 在bsp.c文件的BSPInit函数中,添加对函数WWDOGInit的调用,如程序段5-12所示。

程序段 5-12　文件 bsp.c

```
1    //Filename: bsp.c
2
3    # include "includes.h"
4
5    void BSPInit()
6    {
7        LEDInit();
8        BEEPInit();
9        KEYInit();
10       EXTIKeyInit();
11       WWDOGInit();
12   }
```

文件 bsp.c 中的函数 BSPInit(第 5~12 行)用于初始化 STM32F103C8T6 微控制器的片上外设。相对于程序段 4-4 而言,这里添加的第 11 行调用了看门狗初始化函数 WWDOGInit,用于实现对看门狗定时器外设的初始化。

(5) 将 wwdog.c 文件添加到工程管理器的 BSP 分组下。完成后的工程 PRJ04 如图 5-6 所示。

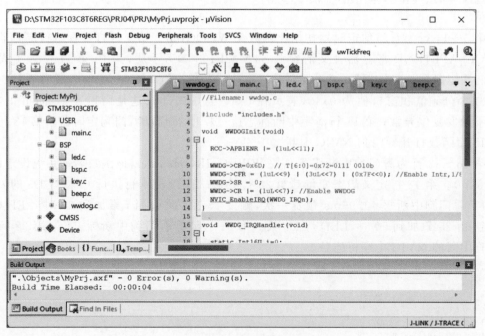

图 5-6　工程 PRJ04 工作窗口

在图 5-6 中,编译链接并运行工程 PRJ04,可以看到 STM32F103C8T6 学习板上的 LED 灯 D3 每隔约 1s 闪烁一次,从而实现了看门狗定时器的定时中断处理工作。

5.2.3　窗口看门狗定时器的 HAL 类型实例

在工程 HPrj02 的基础上,新建工程 HPrj04,保存在目录 D:\STM32F103C8T6HAL\HPrj04 下,此时的工程 HPrj04 与工程 HPrj02 完全相同。然后,进行如下的步骤。

(1) 在 STM32CubeMX 集成开发环境下,配置窗口看门狗,如图 5-7 所示。

视频讲解

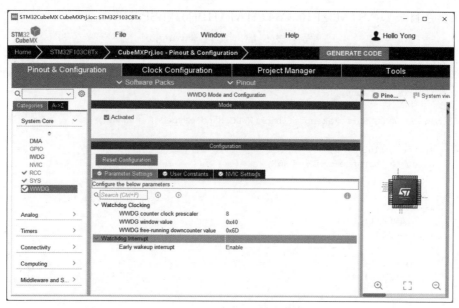

图 5-7 配置窗口看门狗

在图 5-7 左边栏中选中 WWDG,再在窗口中间部分选中 Activated,表示开启窗口看门狗;再配置 WWDG counter clock prescaler 为 8,表示分频值为 1/8;设置 WWDG window value 为 0x40,表示窗口大小为 0x40 至 0x7F;设置 WWDG free-running downcounter value 为 0x6D,即每次的"喂狗值"为 0x6D。

然后,在图 5-7 左侧选中 NVIC,如图 5-8 所示。

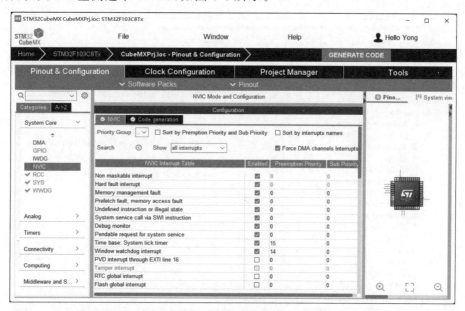

图 5-8 配置看门狗中断

在图 5-8 中,打开窗口看门狗中断 Window watchdog interrupt,设置其中断优先级号为 14。接着,在图 5-8 中,单击 GENERATE CODE 生成 CubeMXPrj 工程。

(2)在 Keil MDK 中打开工程 CubeMXPrj,新建文件 wwdog.c,如程序段 5-13 所示,这

个文件保存在目录 D:\STM32F103C8T6HAL\HPrj04\BSP 下。

程序段 5-13 文件 wwdog.c

```
1    //Filename: wwdog.c
2
3    # include "includes.h"
4
5    void HAL_WWDG_EarlyWakeupCallback(WWDG_HandleTypeDef * hwwdg)
6    {
7        static Int16U i = 0;
8        hwwdg -> Instance -> CR = 0x6D;
9
10       i++;
11       if(i == 25)
12           LED(2,1);
13       if(i == 50)
14       {
15           i = 0;
16           LED(2,0);
17       }
18    }
```

第 5 行的 HAL_WWDG_EarlyWakeupCallback 为窗口看门狗中断的回调函数,第 8 行"hwwdg-> Instance-> CR=0x6D;"为"喂狗"语句,即设置看门狗计数器的值为 0x6D。注意,进入看门狗中断回调函数后,第一件事情为"喂狗"。其余代码的含义请参考程序段 5-9。

(3) 修改 mymain.c 文件,如程序段 5-8 所示;添加新创建的文件 wwdog.c(保存在目录 D:\STM32F103C8T6HAL\HPrj04\BSP 下)到工程管理器的 App/User/BSP 分组下。

建设好的工程 HPrj04 如图 5-9 所示。

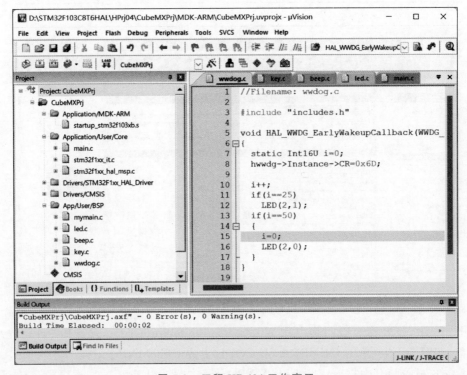

图 5-9 工程 HPrj04 工作窗口

工程 HPrj04 实现的功能与工程 PRJ04 完全相同,即将窗口看门狗定时器配置为每40.96ms 触发一次看门狗中断的普通定时器,在看门狗中断服务函数中,通过静态的计数变量,实现每隔约 1s 时间使 LED 灯 D3 切换一次状态。

5.3 实时时钟

STM32F103C8T6 微控制器的实时时钟(RTC)模块,严格意义上讲,只是一个低功耗的定时器,如果要实现时间和日历功能,必须借助软件实现。其优点在于灵活性较强,缺点在于程序员编程时需要考虑日历变化中的闰年情况。

5.3.1 实时时钟的工作原理

STM32F103C8T6 微控制器的实时时钟结构如图 5-10 所示。

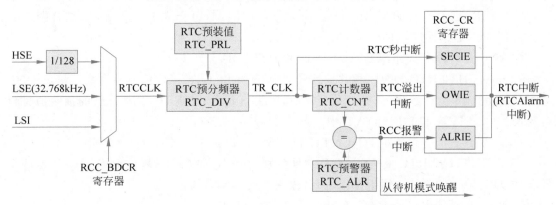

图 5-10 STM32F103C8T6 微控制器的实时时钟结构

由图 5-10 可知,RTC 模块有 3 个时钟源可供选择,一般情况下,希望选择具有较高精度的外部低速时钟 LSE(32.768kHz)。这里的 HSE 是指片外高精度高速时钟(8MHz),LSI 指片内低速时钟(40kHz)。如果选择了 LSE 时钟,则 RTCCLK 时钟信号为 32.768kHz,如果设定 RTC 预分频器的值为 32767,则 TR_CLK = RTCCLK / (RTC_DIV + 1),即 TR_CLK 时钟信号为 1Hz。RTC 模块可触发 3 种类型的中断,即秒中断、溢出中断和报警中断(或称闹钟中断),通过配置 RCC_CR 寄存器实现这 3 类中断的开启。当 RTC 计数器的值与 RTC 预警器的值相等时,产生 RTC 报警中断,同时,该中断还可用于从待机模式唤醒微控制器。

图 5-10 中的 RCC_BDCR 寄存器是复位与时钟控制(RCC)模块的寄存器,其第[9:8]位设为 01b 时,RTC 模块使用 LSE 时钟源,该寄存器的详细情况请参考 STM32F103 用户手册。

下面详细介绍 RTC 模块的各个寄存器,RTC 模块的基地址为 0x4000 2800。

1) RTC 控制寄存器 RTC_CRH

RTC_CRH(偏移地址为 0x0,复位值为 0x0)是一个 16 位寄存器,只有第[2:0]位有效,第 2 位为 OWIE,为 1 表示开启溢出中断;第 1 位为 ALRIE,为 1 表示开启报警中断;第 0 位为 SECIE,为 1 表示开启秒中断。

2) RTC 控制寄存器 RTC_CRL

RTC_CRL(偏移地址为 0x04,复位值为 0x0020)是一个 16 位寄存器,只有第[5:0]位有效。第 5 位为只读的 RTOFF 位,读出 0 表示写 RTC 寄存器正处理中,读出 1 表示写 RTC 寄存器操作已完成;第 4 位为 CNF 位,写入 1 表示进入配置模式,写入 0 表示退出配置模式;第 3 位为 RSF 位,当 RTC 各个寄存器同步后硬件置 1,可软件方式写入 0 清零;第 2 位为溢出中断标志位 OWF,为 1 表示发生了溢出中断,写入 0 清零;第 1 位为报警中断标志位 ALRF,为 1 表示发生了报警中断,写入 0 清零;第 0 位为秒中断标志位 SECF,为 1 表示发生了秒中断,写入 0 清零。

RTC 模块的各个寄存器的访问规则为:首先,确认 RTOFF 位为 1;然后,置 CNF 位为 1 进入配置模式;接着,配置各个 RTC 寄存器(包括 RTC_CRH);之后,清零 CNF 位退出配置模式;最后,等待 RTOFF 位为 1。

3) RTC 预装值寄存器 RTC_PRLH 和 RTC_PRLL

RTC_PRLH 和 RTC_PRLL(偏移地址分别为 0x08 和 0x0C,复位值分别为 0x0 和 0x8000)是两个 16 位寄存器,RTC_PRLH 的高 14 位保留,RTC_PRLH 的第[3:0]位(作为 PRL[19:16])与 RTC_PRLL 的第[15:0]位(作为 PRL[15:0])组合成 PRL[19:0],结合图 5-6,TR_CLK = RTCCLK / (PRL[19:0]+1)。

4) RTC 预分频器寄存器 RTC_DIVH 和 RTC_DIVL

RTC_DIVH 和 RTC_DIVL(偏移地址分别为 0x10 和 0x14,复位值分别为 0x0 和 0x8000)是两个只读的 16 位计数器,其减计数到 0 后,RTC_PRLH 和 RTC_PRLL 中的预装值将自动装入 RTC_DIVH 和 RTC_DIVL 中。

5) RTC 计数器寄存器 RTC_CNTH 和 RTC_CNTL

RTC_CNTH 和 RTC_CNTL(偏移地址分别为 0x18 和 0x1C,复位值均为 0x0)是两个可读/可写的 16 位寄存器,用于保存 RTC 模块的时间和日历值。

6) RTC 报警器寄存器 RTC_ALRH 和 RTC_ALRL

RTC_ALRH 和 RTC_ALRL(偏移地址分别为 0x20 和 0x24,复位值均为 0xFFFF)是两个只写的 16 位寄存器,用于保存 RTC 模块报警时的时间和日历值。当 RTC 计数器寄存器 RTC_CNTH 和 RTC_CNTL 的值分别与 RTC_ALRH 和 RTC_ALRL 的值相等时,产生 RTC 报警中断。

5.3.2 小节和 5.3.3 小节通过 RTC 模块实现 LED 灯 D3 每隔 1s 闪烁一次的功能,以说明 RTC 模块的配置方法和秒中断程序设计方法。

5.3.2 实时时钟的寄存器类型实例

视频讲解

在工程 PRJ02 的基础上,新建工程 PRJ05,保存在目录 D:\STM32F103C8T6REG\PRJ05 下,此时的工程 PRJ05 与工程 PRJ02 完全相同。然后,进行如下的步骤。

(1) 修改文件 main.c,如程序段 5-5 所示,即在主函数的无限循环体中,不做具体的处理工作。

(2) 新建文件 rtc.c 和 rtc.h,保存在目录 D:\STM32F103C8T6REG\PRJ05\BSP 下,这两个文件的内容分别如程序段 5-14 和程序段 5-15 所示。

程序段 5-14   文件 rtc.c

```
1    //Filename: rtc.c
2
```

```
3      # include "includes. h"
4
5      void RTCInit(void)
6      {
7        Int32U i;
8
9        RCC -> APB1ENR |= (1uL << 27) | (1uL << 28);   //BKP 和 PWR 使能
10       PWR -> CR |= (1uL << 8);                        //使 RTC 和 BKP 可访问
11
```

第 9 行使复位与时钟控制模块的寄存器 RCC_APB1ENR 的第 27 位和第 28 位置 1,表示打开备份接口(BKP)模块和功耗管理(PWR)模块的时钟源。这两个模块与 RTC 有关。第 10 行设置 PWR_CR 寄存器的第 8 位为 1,表示可访问 RTC 和 BKP 模块的寄存器。

```
12       RCC -> BDCR |= (1uL << 16);
13       RCC -> BDCR &= ~(1uL << 16);                    //BKP 退出复位
14       RCC -> BDCR |= (1uL << 0);                      //使用 LSE 32.768kHz 时钟
15
```

第 12 行向 RCC_BDCR 寄存器的第 16 位写入 1 复位 BKP 模块；第 13 行向其写入 0,退出复位状态,进入工作状态；第 14 行向 RCC_BDCR 寄存器的第 0 位写入 1,表示开启外部的 32.768kHz 时钟源 LSE。

```
16       for(i = 0; i < 20000; i++);                     //等待 6 个 LSI 时钟周期
17       while((RCC -> BDCR & (1uL << 1))!= (1uL << 1)); //等待 LSE 稳定
18
```

第 16 行是 RCC 模块的特殊要求,即执行了第 14 行开启 LSE 时钟源后,必须至少等待 6 个 LSE 时钟周期,使得 RCC_BDCR 寄存器的第 1 位硬件清零。如果 RCC_BDCR 寄存器的第 1 位硬件自动置 1,说明 LSE 时钟源已稳定,所以第 17 行等待 RCC_BDCR 寄存器的第 1 位置 1。

```
19       RCC -> BDCR |= (1uL << 8);
20       RCC -> BDCR &= ~(1uL << 9); //使用 LSE 时钟
21       RCC -> BDCR |= (1uL << 15);
22
```

RCC_BDCR 寄存器的第[9:8]位为 01b,表示使用 LSE 时钟,第 19、20 行为配置其为 01b。第 21 行设置 RCC_BDCR 寄存器的第 15 位为 1,表示启用 RTC。

这里第 9～21 行使用了 BKP 和 RCC 模块的一些寄存器,书中没有详细介绍,可参考 STM32F103 参考手册的第 6 章和第 7 章。

```
23       while((RTC -> CRL & (1uL << 5))!= (1uL << 5)); //RTOFF = 1
24       while((RTC -> CRL & (1uL << 3))!= (1uL << 3)); //RSF = 1
25       RTC -> CRL |= (1uL << 4);                       //CNF = 1 进入配置模式
26       RTC -> CRH |= (1uL << 0);                       //打开秒中断
27       RTC -> PRLH = 0;
28       RTC -> PRLL = 32768 - 1;
29       RTC -> CRL &= ~(1uL << 4);                      //CNF = 0 退出配置模式
30       while((RTC -> CRL & (1uL << 5))!= (1uL << 5)); //RTOFF = 1
31
32       NVIC_EnableIRQ(RTC_IRQn);
33     }
34
```

第5～33行为RTC模块的初始化函数RTCInit。第23～30行为配置RTC模块的寄存器,按照其访问规则:第23行等待RTOFF位为1;第24行等待RSF位为1(表示RTC各个寄存器已同步);第25行置位CNF,进入配置模式;第26行打开秒中断;第27、28行设置分频值为32767;第29行清零CNF,退出配置模式;第30行等待RTOFF位置1。

第32行调用CMSIS库函数打开RTC模块对应的NVIC中断。

```
35    void RTC_IRQHandler(void)
36    {
37        static Int08U i = 0;
38        i++;
39        i = i % 2;
40        if(i == 0)
41            LED(2,1);
42        else
43            LED(2,0);
44        RTC -> CRL & = ~(1uL << 0);
45        NVIC_ClearPendingIRQ(RTC_IRQn);
46    }
```

第35～46行为RTC模块的中断服务函数,函数数名必须为RTC_IRQHandler(参考1.6节),来源于startup_stm32f10x_md.s文件中的同名标号。第37行定义静态变量i;根据RTCInit函数可知,RTC中断每1s执行一次,每次执行第38行将变量i加1;第39行将i的值模2,如果为0,则第40行为真,执行第41行LED灯D3亮;否则(第42行为真),第43行LED灯D3灭。第44行向RTC_CRL寄存器的第0位写入0,清除RTC秒中断标志位;第45行调用CMSIS库的NVIC_ClearPendingIRQ函数清除RTC的NVIC中断标志位。

程序段 5-15　文件 rtc.h

```
1    //Filename: rtc.h
2
3    #ifndef _RTC_H
4    #define _RTC_H
5
6    void RTCInit(void);
7
8    #endif
```

文件rtc.h中声明了文件rtc.c中定义的函数RTCInit。

(3) 在includes.h文件的末尾添加语句"#include "rtc.h"",即包括头文件rtc.h。

(4) 在bsp.c文件的BSPInit函数中,添加语句"RTCInit();",如程序段5-16所示。

程序段 5-16　文件 bsp.c

```
1    //Filename: bsp.c
2
3    #include "includes.h"
4
5    void BSPInit()
6    {
7        LEDInit();
8        BEEPInit();
9        KEYInit();
```

```
10      EXTIKeyInit();
11      RTCInit();
12  }
```

在文件 bsp.c 中,BSPInit 函数依次实现 LED 灯、蜂鸣器、按键、外部中断和 RTC 的初始化(如第 7～11 行所示)。

(5) 将 rtc.c 文件添加到工程管理器的 BSP 分组下。建设好的工程 PRJ05 如图 5-11 所示。

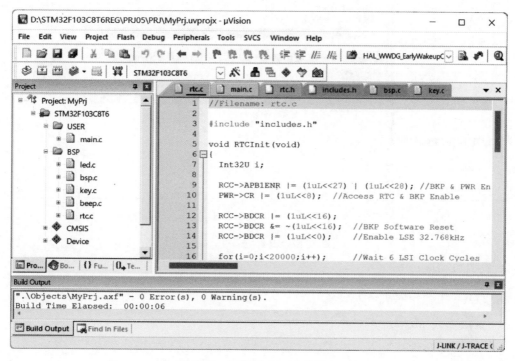

图 5-11 工程 PRJ05 工作窗口

在图 5-11 中,编译链接并运行工程 PRJ05,可观察到 STM32F103C8T6 学习板上的 LED 灯 D3 每隔 1s 闪烁一次。此外,工程 PRJ05 保留了工程 PRJ02 的按键功能。

5.3.3 实时时钟的 HAL 类型实例

视频讲解

本小节中使用 HAL 库实现工程 PRJ05 的全部功能,具体步骤如下。

(1) 在工程 HPrj02 的基础上,新建工程 HPrj05,保存在目录 D:\STM32F103C8T6HAL\HPrj05 下。此时的工程 HPrj05 与工程 HPrj02 完全相同。

(2) 在 STM32CubeMX 中,选中 RTC,如图 5-12 所示。

在图 5-12 中,选中 Activate Clock Source 表示为 RTC 提供时钟,然后,选中 RTC global interrupt,开放 RTC 中断,并设置其中断优先号为 13(通过选中左侧的 NVIC 进行配置)。然后,单击 GENERATE CODE 生成 CubeMXPrj 工程。

(3) 在 Keil MDK 集成开发环境下,新建 rtc.c 和 rtc.h 文件,保存在目录 D:\STM32F103C8T6HAL\HPrj05\BSP 下,其中,rtc.h 文件如程序段 5-15 所示,rtc.c 文件如程序段 5-17 所示。

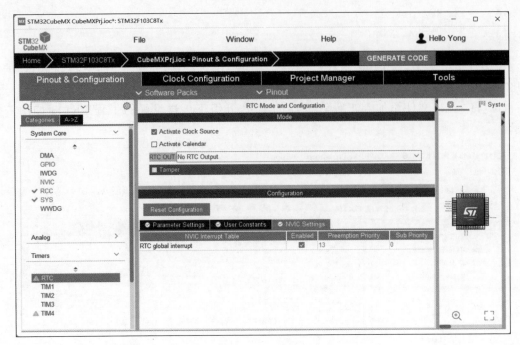

图 5-12 RTC 配置窗口

程序段 5-17 文件 rtc.c

```
1      //Filename: rtc.c
2
3      #include "includes.h"
4
5      void RTCInit(void)
6      {
7        Int32U i;
8
```

此处省略的第 9～32 行代码与程序段 5-13 的第 9～32 行代码相同。

```
33     }
34
35     void HAL_RTCEx_RTCEventCallback(RTC_HandleTypeDef * hrtc)
36     {
37       static Int08U i = 0;
38       i++;
39       i = i % 2;
40       if(i == 0)
41           LED(2,1);
42       else
43           LED(2,0);
44     }
```

第 35～44 行的函数 HAL_RTCEx_RTCEventCallback 为 RTC 的中断回调函数，RTC 中断每隔 1s 触发一次中断，每次中断调用函数 HAL_RTCEx_RTCEventCallback 一次，将切换 LED 灯 D3 的状态。

（4）修改 mymain.c 文件，如程序段 5-18 所示，即第 7 行添加对 RTC 初始化函数的调用语句。

程序段 5-18　文件 mymain. c

```
1    //Filename: mymain.c
2
3    # include "includes.h"
4
5    void mymain(void)
6    {
7        RTCInit();
8        while(1)
9        {
10       }
11   }
```

注意：第 7 行添加 RTC 初始化函数对实时时钟进行初始化，是因为 STM32CubeMX 对实时时钟的初始化工作不正常，STM32CubeMX 是一个发展中的集成开发环境，目前的版本无法实现对 RTC 时钟的完整初始化。

（5）在 includes. h 文件的末尾添加 # include "rtc. h"，即包括头文件 rtc. h。

（6）将 rtc. c 文件添加到工程管理器的 BSP 分组下，建设好的工程 HPrj05 如图 5-13 所示，工程 HPrj05 实现的功能与工程 PRJ05 完全相同。

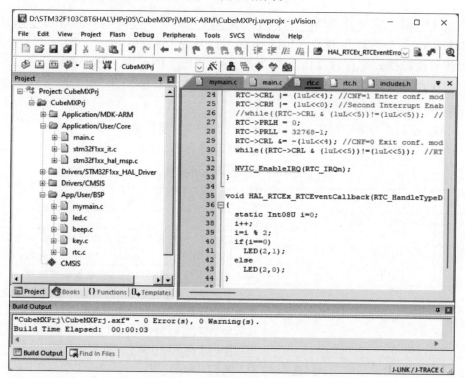

图 5-13　工程 HPrj05 工作窗口

5.4　通用定时器

STM32F103C8T6 具有 4 个定时器，其中，TIM1 为高级控制定时器，TIM2～TIM4 为通用定时器。相对于传统的 80C51 单片机的定时器而言，STM32F103C8T6 的定时器功能更加完善和复杂。这里以 TIM2 为例介绍通用定时器的基本用法。

5.4.1 通用定时器的工作原理

STM32F103C8T6 微控制器具有 3 个通用定时器 TIM2～TIM4,它们的结构和工作原理相同。这里以通用定时器 TIM2 为例介绍通用定时器的工作原理,TIM2 的结构如图 5-14 所示。

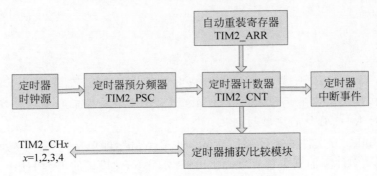

图 5-14 通用定时器 TIM2 的结构

由图 5-14 可知,定时器 TIM2 具有 4 个通道,可实现对外部输入脉冲信号的捕获(计数)和比较输出,相关的寄存器有 TIM2 捕获与比较寄存器 TIM2_CCR1～TIM2_CCR4、TIM2 捕获与比较模式寄存器 TIM2_CCMR1～TIM2_CCR2 和 TIM2 捕获与比较有效寄存器 TIM2_CCER 等。本节重点介绍通用定时器的定时计数功能,相关的寄存器如下(基地址为 0x4000 0000,见图 1-4)。

1) TIM2 控制寄存器 TIM2_CR1(偏移地址为 0x0,复位值为 0x0)

TIM2_CR1 寄存器是一个 16 位的可读/可写寄存器,如表 5-5 所示。

表 5-5 TIM2_CR1 寄存器

位　号	名　　称	属　性	含　义
15:10			保留
9:8	CKD[1:0]	可读/可写	定时器捕获/比较模块中的采样时钟间的倍数值。为 0 表示相等,为 1 表示 2 分频;为 2 表示 4 分频;为 3 保留
7	ARPE	可读/可写	为 0,自动重装无缓存;为 1,自动重装带缓存
6:5	CMS	可读/可写	为 0 表示单边计数;为 1 表示双边计数模式 1,输出比较中断仅当减计数时触发;为 2 表示双边计数模式 2,输出比较中断仅当加计数时触发;为 3 表示双边计数模式 3,输出比较中断在加计数和减计数时均触发
4	DIR	可读/可写	若 CMS=00b,则 DIR 为 0 表示加计数;为 1 表示减计数
3	OPM	可读/可写	为 0 表示单拍计数方式;为 1 表示循环计数
2	URS	可读/可写	为 0 表示计数溢出和 TIM2_EGR 寄存器的第 0 位(UG 位)置位等事件均产生中断;为 1 表示仅有计数溢出时才产生中断
1	UDIS	可读/可写	为 0 表示定时器更新事件(UEV)有效;为 1 表示 UEV 无效
0	CEN	可读/可写	为 0 关闭定时器;为 1 打开定时器

如果定时器 TIM2 采用加计数方式,则可以保持其复位值,只需要配置其第 0 位为 1 打开定时器 TIM2。

2)TIM2 定时器计数器 TIM2_CNT(偏移地址为 0x24,复位值为 0x0)

TIM2_CNT 寄存器是一个 16 位的可读/可写寄存器,保存了定时器的当前计数值。

3)TIM2 定时器预分频器寄存器 TIM2_PSC(偏移地址为 0x28,复位值为 0x0)

TIM2_PSC 寄存器是一个 16 位的可读/可写寄存器,TIM2 计数器的计数频率＝定时器时钟源频率/(TIM2_PSC＋1)。如果将 72MHz 系统时钟作为 TIM2 时钟源,设置 TIM2_PSC ＝ 7200－1,则 TIM2 计数器计数频率为 10kHz。

4)TIM2 自动重装寄存器 TIM2_ARR(偏移地址为 0x2C,复位值为 0x0)

如果 TIM2 设为加计数方式,则计数值从 0 计数到 TIM2_ARR 的值时,溢出而产生中断。如果计数频率为 10kHz,设定 TIM2_ARR 为 100－1,则 TIM2 定时中断的频率为 100Hz。

5)TIM2 定时器状态寄存器 TIM2_SR(偏移地址为 0x10,复位值为 0x0)

TIM2_SR 寄存器的第 0 位为 UIF 位,当发生定时中断时,UIF 位自动置 1,向其写入 0 清零该位。

6)TIM2 定时器有效寄存器 TIM2_DIER(偏移地址为 0x0C,复位值为 0x0)

TIM2_DIER 寄存器的第 0 位为 UIE 位,写入 1 开放定时器更新中断,写入 0 关闭定时器更新中断。

关于定时器的捕获/比较功能及与 DMA 控制器相关的内容,请参考 STM32F103 用户手册。

5.4.2 通用定时器的寄存器类型实例

视频讲解

本小节使用通用定时器 TIM2 实现 LED 灯 D3 每隔 1s 闪烁一次的功能,具体实现步骤如下。

(1)在工程 PRJ02 的基础上,新建工程 PRJ06,保存在目录 D:\STM32F103C8T6REG\PRJ06 下。此时的工程 PRJ06 与工程 PRJ02 完全相同。

(2)修改 main.c 文件,如程序段 5-5 所示,即主函数的无限循环体为空。

(3)新建文件 tim2.c 和 tim2.h,保存在目录 D:\STM32F103C8T6REG\PRJ06\BSP 下,其代码分别如程序段 5-19 和程序段 5-20 所示。

程序段 5-19 文件 tim2.c

```
1    //Filename: tim2.c
2
3    # include "includes.h"
4
5    void TIM2Init(void)
6    {
7      RCC -> APB1ENR |= (1uL << 0);
8      TIM2 -> ARR = 100-1;
9      TIM2 -> PSC = 7200-1;
10     TIM2 -> DIER |= (1uL << 0);
11     TIM2 -> CR1 |= (1uL << 0);
12
```

```
13      NVIC_EnableIRQ(TIM2_IRQn);
14      NVIC_SetPriority(TIM2_IRQn,8);
15   }
16
```

第5～15行为 TIM2 初始化函数。第7行打开 TIM2 定时器的时钟源；第8行设置 TIM2 重装计数值为99；第9行设置 TIM2 预分频值为7199；第10行打开定时器刷新中断；第11行启动定时器 TIM2。第13行打开 TIM2 的 NVIC 中断；第14行配置该中断优先级号为8。

```
17   void TIM2_IRQHandler(void)
18   {
19     static Int08U i = 0;
20     i++;
21     if(i == 100)
22        LED(2,1);
23     if(i == 200)
24     {
25        i = 0;
26        LED(2,0);
27     }
28     TIM2 -> SR & = ~(1uL << 0);
29     NVIC_ClearPendingIRQ(TIM2_IRQn);
30   }
```

第17～30行为定时器 TIM2 中断服务函数。由于定时器中断触发的频率为100Hz,故100次中断的时间间隔为1s,通过静态计数变量 i,实现 LED 灯 D3 每隔1s闪烁一次的功能。

程序段 5-20　文件 tim2.h

```
1    //Filename: tim2.h
2
3    #ifndef _TIM2_H
4    #define _TIM2_H
5
6    void TIM2Init(void);
7
8    #endif
```

文件 tim2.h 中声明了文件 tim2.c 中定义的函数 TIM2Init。

（4）在 includes.h 文件的末尾添加 #include "tim2.h"语句,即包括头文件 tim2.h。

（5）修改 bsp.c 文件,如程序段 5-21 所示。

程序段 5-21　文件 bsp.c

```
1    //Filename: bsp.c
2
3    #include "includes.h"
4
5    void BSPInit()
6    {
7      LEDInit();
8      BEEPInit();
9      KEYInit();
10     EXTIKeyInit();
```

```
11    TIM2Init();
12  }
```

对比程序段 4-4 可知,这里添加了第 11 行语句,即调用 TIM2Init 函数对 TIM2 进行初始化。

(6) 将文件 tim2.c 添加到工程管理器的 BSP 分组下。完成后的工程 PRJ06 如图 5-15 所示。

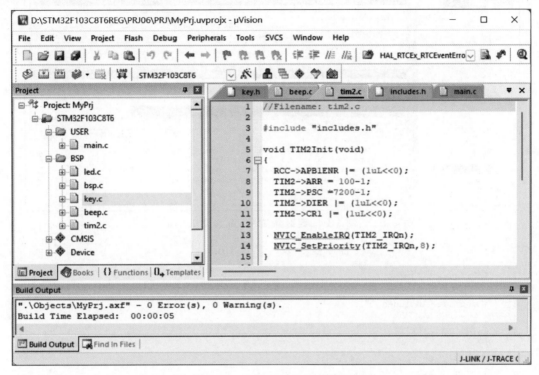

图 5-15 工程 PRJ06 工作窗口

在图 5-15 中,编译链接并运行工程 PRJ06,可以观察到 STM32F103C8T6 学习板上的 LED 灯 D3 每隔 1s 闪烁一次。此外,工程 PRJ06 保留了工程 PRJ02 的按键处理功能。

5.4.3 通用定时器的 HAL 类型实例

视频讲解

本节用 HAL 方式实现工程 PRJ06 同样的功能,具体设计步骤如下。

(1) 在工程 HPrj02 的基础上,新建工程 HPrj06,保存在目录 D:\STM32F103C8T6HAL\HPrj06 下,此时的工程 HPrj06 与工程 HPrj02 完全相同。

(2) 在 STM32CubeMX 开发环境中,选中 TIM2,如图 5-16 所示。

在图 5-16 中,配置定时器 TIM2 的 Clock Source 为 Internal Clock,然后,在 Parameter Settings 中按图中所示内容进行配置;接着,打开定时器 TIM2 的更新中断(在 NVIC Settings 和 NVIC 中配置);最后,单击 GENERTATE CODE 生成 CubeMX 工程。

(3) 新建 tim2.c 和 tim2.h 文件,保存在目录 D:\STM32F103C8T6HAL\HPrj06\BSP 下,其中,文件 tim2.h 如程序段 5-20 所示,文件 tim2.c 如程序段 5-22 所示。

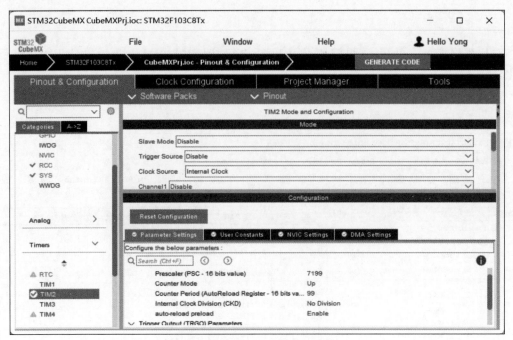

图 5-16　定时器 TIM2 配置窗口

程序段 5-22　文件 tim2.c

```
1    //Filename: tim2.c
2
3    # include "includes.h"
4
5    void TIM2Init(void)
6    {
7        RCC -> APB1ENR |= (1uL << 0);
8        TIM2 -> ARR = 100 - 1;
9        TIM2 -> PSC = 7200 - 1;
10       TIM2 -> DIER |= (1uL << 0);
11       TIM2 -> CR1 |= (1uL << 0);
12   }
13
```

第 5～11 行为定时器 TIM2 初始化函数。第 7 行打开 TIM2 的时钟源；第 8、9 行分别配置定时器 TIM2 的重装值为 99、预分频值为 7199。第 10 行打开定时器 TIM2 刷新中断；第 11 行启动定时器 TIM2。

```
14   void HAL_TIM_PeriodElapsedCallback(TIM_HandleTypeDef * htim)
15   {
16       static Int08U i = 0;
17       i++;
18       if(i == 100)
19           LED(2,1);
20       if(i == 200)
21       {
22           i = 0;
23           LED(2,0);
24       }
25   }
```

第14~25行为定时器 TIM2 的中断回调函数。

（4）修改 mymain.c 文件，如程序段 5-23 所示，即在 mymain 函数中调用 TIM2Init 函数初始化定时器 TIM2。

程序段 5-23　文件 mymain.c

```
1    //Filename: mymain.c
2
3    # include "includes.h"
4
5    void mymain(void)
6    {
7      TIM2Init();
8      while(1)
9      {
10     }
11   }
```

（5）在 includes.h 文件的末尾添加语句 # include　"tim2.h"，即包括头文件 tim2.h。

（6）将文件 tim2.c 添加到工程管理器的 App/User/BSP 分组下，完成后的工程如图 5-17 所示。

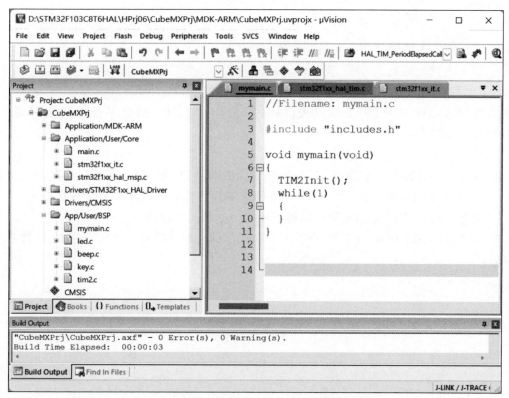

图 5-17　工程 HPrj06 工作窗口

注意，在工程 HPrj06 中，在 mymain 函数中调用了 TIM2Init 函数对定时器 TIM2 初始化。这些初始化工作可以移动到 STM32CubeMX 生成的系统初始化文件 st32f1xx_hal_msp.c 中，放在函数"HAL_TIM_Base_MspInit"中的注释/ ＊ USER CODE BEGIN TIM2_MspInit 0 ＊/和　/ ＊ USER CODE END TIM2_MspInit 0 ＊/之间的空行中。本书为了

保证 STM32CubeMX 生成的工程的完整性,所以,将一些外设初始化放在了自定义的 mymain.c 文件中。同样地,在工程 HPrj05 中,在 mymain 函数中调用了 RTCInit 函数对实时时钟初始化,这些初始化工作可以移动到系统初始化文件 st32f1xx_hal_msp.c 中的 HAL_RTC_MspInit 函数中,使工程更加美观。

▐▌ 5.5　本章小结　◆

本章详细介绍了 STM32F103C8T6 微控制器片内系统节拍定时器、看门狗定时器、实时时钟和通用定时器的工作原理和工程程序实例。定时器是实际工程中最常用的片内外设之一,需要灵活地掌握它们的用法。建议读者朋友在学完本章后,结合 STM32F103 参考手册,编写定时器 TIM1 和 TIM3 的定时中断处理程序,并编写独立看门狗定时器的监控程序,从而加深对本章内容的理解。需要说明的是,STM32 微控制器外设有众多的控制寄存器,STM32CubeMX 配置某些 STM32 微控制器外设时还不能完全初始化,此时需要添加用户初始化代码。随着 STM32CubeMX 的进化,初始化工作将会不断完善。

▐▌习题　◆

1. 简述系统节拍定时器的初始化方法。

2. 基于 STM32F103C8T6 学习板,编写寄存器类型工程,借助系统节拍定时器实现 LED 灯 D2 周期闪烁。

3. 基于 STM32F103C8T6 学习板,编写 HAL 类型工程,借助系统节拍定时器实现 LED 灯 D2 周期闪烁。

4. 简要说明窗口看门狗的特点和初始化方法。

5. 基于 STM32F103C8T6 学习板,编写工程借助 RTC 实现年、月、日、星期、时、分、秒的计时器,并考虑闰年的处理(提示:使用基姆拉尔森计算公式由年月日计算星期几)。

6. 简述 STM32F103C8T6 微控制器通用定时器的工作原理。

7. 基于 STM32F103C8T6 学习板,编写工程借助通用定时器 TIM4 实现 LED 灯 D2 周期闪烁。

第6章 OLED屏与温度传感器

OLED 显示屏是嵌入式系统中最重要的输出设备之一,STM32F103C8T6 学习板集成了一块 0.96 寸 128×64 点阵的蓝色 OLED 显示屏,驱动器为 SSD1306。本章将介绍 STM32F103C8T6 驱动 OLED 屏的显示技术和工程程序设计方法,并介绍了温度传感器 DS18B20 和热敏电阻的应用方法。

本章的学习目标:

- 了解 OLED 屏显示原理;
- 熟悉 DS18B20 温度传感器的工作原理;
- 掌握 DS18B20 温度读取方法;
- 熟练应用寄存器或 HAL 方法在 OLED 屏上输出字符、汉字和图像。

6.1 OLED 显示模块

一般地,OLED 显示模块包括 4 部分,即 OLED 显示部分(OLED 面板)、OLED 屏驱动部分、OLED 屏控制部分(称为 OLED 控制器)和 OLED 屏显示存储器(简称为显存)。 OLED 屏是自发光的,不需要背光源。STM32F103C8T6 学习板上集成了 SSD1306 显示控制器,其与 STM32F103C8T6 微控制器通过 I²C 总线连接。

6.1.1 OLED 屏显示原理

OLED 显示模块的 SSD1306 集成了一个 128×64bit 的图形显示数据 RAM 区 (GDDRAM),每比特对应 OLED 屏的一个像素点。在 OLED 屏上显示信息只需要将待显示的信息写入 GDDRAM 中,SSD1306 显示控制器将按照设定的刷新率(默认约 100Hz)将 GDDRAM 中的内容显示在 OLED 屏上。

在 STM32F103C8T6 学习板上,STM32F103C8T6 微控制器驱动 OLED 屏显示,需要做如下三步工作。

(1) 根据图 2-2 和图 2-8 可知,OLED 显示模块与 STM32F103C8T6 的电路连接如表 6-1 所示。

表 6-1　OLED 显示模块与 STM32F103C8T6 的电路连接

序号	OLED 屏引脚名	OLED 屏引脚	网 络 标 号	STM32F103C8T6 引脚
1	地引脚	GND	GND	
2	电源引脚	VCC	+3.3V	
3	I^{2}C 时钟信号	SCL	PB6	PB6
4	I^{2}C 数据信号	SDA	PB7	PB7

由表 6-1 可知,STM32F103C8T6 微控制器通过 I^{2}C 总线控制 OLED 显示模块,需要将 PB6 和 PB7 口分别配置为 I^{2}C1 模块的 SCL 和 SDA 功能,STM32F103C8T6 微控制器为主机,OLED 显示模块为从机。

(2) STM32F103C8T6 微控制器初始化 OLED 显示模块,实际上初始化 SSD1306 显示控制器,包括复位 SSD1306、写初始化代码、开启显示、清空 GDDRAM 区、开始显示信息等,这些初始化工作均由 OLED 显示模块厂商提供。

(3) OLED 显示模块的 SSD1306 显示控制器的任务是以一定的频率(刷新率,默认约 100Hz)将 GDDRAM 显存中的内容送给 OLED 驱动器显示出来。程序设计者只需要将要显示的信息写入 GDDRAM 显存中,后续的显示工作由 OLED 显示控制器自动实现。SSD1306 显示控制器集成了一个 128×64bit 大小的显存,分成 8 页 Page0～Page7,默认配置下 Page0 对应着第 0～7 行,Page1 对应着第 8～15 行,以此类推,第 7 页对应着第 56～63 行;写入的每字节数据以列的形式填充,例如,写入的首个字节将占据 Page0 的第 0～7 行,字节的第 0 位在第 0 行,第 1 位在第 1 行,以此类推,第 7 位在第 7 行。每行有 128 列,记为第 0 列至第 127 行。这样,每页可写入 128 字节,各字节"竖"起来排列在一起构成该页的显示,"竖"起来的方式为字节的低位 D0 在上、高位 D7 在下,如图 6-1 所示。

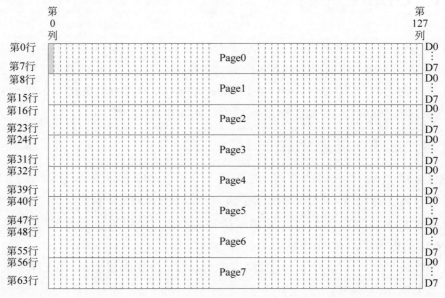

图 6-1　SSD1306 默认显示方式

接下来,介绍一下 STM32F103C8T6 的 I^{2}C1 模块工作原理。STM32F103C8T6 微控制器的 I^{2}C1 接口模块通过 I^{2}C 通信协议控制 OLED 显示模块,此时,I^{2}C1 接口模块工作在主模式下,如图 6-2 所示。

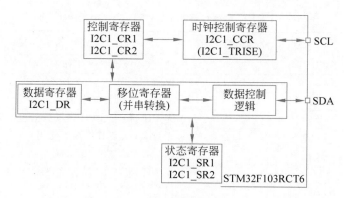

图 6-2 I^2C1 接口模块功能框图(工作在主模式下)

如图 6-2 所示,在使用 I^2C1 接口模块前,必须先配置控制寄存器 I2C1_CR2 和时钟控制寄存器 I2C1_CCR、I2C1_TRISE,使得时钟信号 SCL 工作正常(正常模式下时钟频率最高为 100kHz,快速模式下最高为 400kHz),然后配置控制寄存器 I2C1_CR1 使 I^2C1 模块进入工作态。下面讨论图 6-2 中各个寄存器的含义,如表 6-2~表 6-8 所示,I^2C1 模块的基地址为 0x4000 5400(见第 1 章图 1-4)。

表 6-2 I^2C1 控制寄存器 I2C1_CR2(偏移地址为 0x04)

位 号	名 称	设 定 值	含 义
15:13			保留
12	LAST	0	无意义(用于 DMA 传输数据时)
11	DMAEN	0	关闭 DMA 请求功能
10	ITBUFEN	0	接收数据或发送数据均不产生中断
9	ITEVTEN	0	关闭事件中断
8	ITERREN	0	关闭出错中断
7:6			保留
5:0	FREQ[5:0]	8	I^2C1 模块时钟源频率为 8MHz

表 6-3 I^2C1 时钟控制寄存器 I2C1_CCR(偏移地址为 0x1C)

位 号	名 称	设 定 值	含 义
15	F/S	0	为 0 表示 I^2C1 工作在正常速度模式下;为 1 表示工作在快速模式下
14	DUTY	0	无意义(用于快速模式下)
13:12			保留
11:0	CCR[11:0]	40	分频值设为 40。由于 I^2C1 时钟源为 8MHz,则 SCL 时钟频率为 $8MHz/(40\times2)=100kHz$

表 6-4 I^2C1 模块 TRISE 寄存器(偏移地址为 0x20)

位 号	名 称	设 定 值	含 义
15:6			保留
5:0	TRISE[5:0]	9	按公式 1000ns×时钟源频率+1=1000ns×8MHz+1=9,以保证 SCL 最大上升沿时间为 1000ns

表 6-5　I^{2}C1 控制寄存器 I2C1_CR1（偏移地址为 0x00）

位　　号	名　　称	设　定　值	含　　义
15	SWRST	0	使 I^{2}C1 模块处于工作态
14			保留
13	ALERT	0	SMBA 引脚为高电平
12	PEC	0	无 PEC 传输（PEC 表示数据包错误检验计算）
11	POS	0	无意义（双字节传输中使用）
10	ACK	0	0 表示无应答；1 表示有应答
9	STOP	0	设为 1，将产生"停止"信号
8	START	0	设为 1，将产生"开始"信号
7	NO STRETCH	0	无意义（从模式下使用）
6	ENGC	1	通用呼叫有效，即地址 0 将被应答
5	ENPEC	0	关闭 PEC 计算功能
4	ENARP	0	关闭 ARP（地址解析协议）功能
3	SMB TYPE	0	无意义（SMBus 类型为 SMBus 设备）
2			保留
1	SMBUS	0	无意义（SMBus 工作在 I^{2}C 模式下）
0	PE	1	I^{2}C1 接口模块有效

表 6-6　I^{2}C1 数据寄存器 I2C1_DR（偏移地址为 0x10）

位　　号	名　　称	复　位　值	含　　义
15:8			保留
7:0	DR[7:0]	0x00	8 位数据寄存器

表 6-7　I^{2}C1 状态寄存器 I2C1_SR1（偏移地址为 0x14）

位　　号	名　　称	复　位　值	含　　义
15	SMBALERT	0	无意义（需工作在 SMBus 模式下）
14	TIMEOUT	0	为 0 表示无超时；为 1 表示超时（SCL 为低超过 10ms）。写入 0 可清零
13		0	保留
12	PECERR	0	无意义（用于接收数据的 PEC 检测）
11	OVR	0	为 0 表示无溢出；为 1 表示溢出。写 0 可清零
10	AF	0	为 0 表示无应答错误；为 1 表示有应答错误。写 0 可清零
9	ARLO	0	为 0 表示无仲裁丢失检测；为 1 表示有仲裁丢失检测。写 0 可清零
8	BERR	0	为 0 表示总线正常；为 1 表示"开始"或"停止"信号出错。写 0 可清零
7	TxE	0	为 0 表示发送数据中；为 1 表示数据发送完成。写 DR、发"开始"信号或发"停止"信号均可清零该位
6	RxNE	0	为 0 表示无接收数据；为 1 表示接收到数据。读该位或写 DR 寄存器可清零该位
5		0	保留

续表

位　号	名　称	复位值	含　义
4	STOPF	0	为0表示无"停止"信号；为1表示有"停止"信号。读SR1后接着写CR1可清零该位
3	ADD10	0	用于主模式下，为0表示无ADD10事件发生；为1表示主机已发送地址的首字节
2	BFT	0	为0表示数据字节在传输；为1表示数据字节传送完。读SR1后接着读或写DR寄存器可清零该位
1	ADDR	0	为0表示地址发送中；为1表示地址发送完成。读SR1后接着读SR2可清零该位。无应答(NACK)不会置位该位
0	SB	0	为0表示无"开始"信号；为1表示有"开始"信号。读SR1后接着写DR可清零该位

表 6-8　I^2C1 状态寄存器 I2C1_SR2（只读，偏移地址为 0x18）

位　号	名　称	复位值	含　义
15:8	PEC[7:0]	0x00	无意义（当ENPEC=1时为内部PEC的值）
7	DUALF		无意义（用于从模式）
6	SMB HOST	0	无意义（用于从模式）
5	SMBDEFAULT	0	无意义（用于从模式）
4	GENCALL	0	无意义（用于从模式）
3		0	保留
2	TRA	0	为0表示数据接收；为1表示数据发送
1	BUSY	0	为0表示空闲；为1表示线路忙
0	MSL	0	为0表示从模式，为1表示主模式

STM32F103C8T6 微控制 I^2C1 模块写 OLED 显示模块（即写 SSD1306 显示控制器）的协议包如图 6-3 所示。由图 6-3 可知，先向 SSD1306 写入地址 0x78（图中一格表示 1bit，"上线"表示 1；"下线"表示 0；上下线都封闭的格子表示可为 0 也可为 1 的地址位或数据位，这些位取值根据实际情况而定）；然后，写入地址字节；接着，写入数据字节。写入的数据字节将显示在 OLED 屏上。

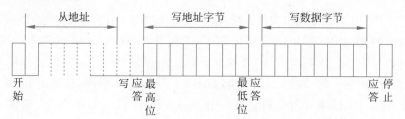

图 6-3　I^2C1 模块写 OLED 显示模块的协议包

下面结合程序段 6-1 进一步介绍 STM32F103C8T6 借助 SSD1306 控制器驱动 OLED 屏显示的工作过程。

程序段 6-1　文件 oled.c

```
1    //Filename: oled.c
2
```

```
 3    # include "includes. h"
 4    # include "textlib. h"
 5
 6    void OLEDDelay( Int32U u)
 7    {
 8      volatile Int32U i,j;
 9      for(i = 0;i < u;i++)
10          for(j = 0;j < 7200;j++);
11    }
12
```

第 4 行包括文本库头文件 textlib. h,该头文件中包含 95 个 ASCII 码的 16×8 点阵结构图形和"温度:℃"等 4 个汉字符号的 16×16 点阵结构图形,如程序段 6-3 所示。第 6~11 行为延时函数 OLEDDelay,具有一个参数 u,延时约 ums。

```
13    void I2C1Init(void)
14    {
15      Int08U i;
16      RCC -> APB2ENR | = (1uL << 3);        //开放 PB 口时钟
17      GPIOB -> CRL | = 0xFF << 24;          //PB6 设为 SCL 功能, PB7 设为 SDA 功能
18
19      RCC -> APB1ENR | = (1uL << 21);       //打开 I2C1 时钟
20      RCC -> APB1RSTR | = (1uL << 21);      //复位 I2C1
21      for(i = 0;i < 10;i++);
22      RCC -> APB1RSTR & = ~(1uL << 21);    //启动 I2C1
23
24      I2C1 -> CR1 | = (1uL << 15);          //再次复位 I2C1
25      for(i = 0;i < 10;i++);
26      I2C1 -> CR1 & = ~(1uL << 15);        //再次启动 I2C1
27
28      I2C1 -> CR2 = (8uL << 0);             //8MHz, 125ns -- APB2(16MHz,实测 18MHz)
29      I2C1 -> CCR = (40uL << 0);            //40 * 125ns = 5us, 1/(2 * 5us) = 100kHz
30      I2C1 -> TRISE = (9uL << 0);           //1000ns/125ns + 1 = 9
31
32      I2C1 -> CR1 | = (1uL << 6);
33      I2C1 -> CR1 & = ~(1uL << 1);         //工作在 I2C 模式
34      I2C1 -> CR1 | = (1uL << 0);           //使能 I2C1
35    }
36
```

第 16 行打开 PB 口时钟源,第 17 行配置 PB6 和 PB7 引脚为替换功能开漏模式。由图 2-2 和图 2-8 可知,PB6 和 PB7 分别用作 I^2C1 模块的 SCL 和 SDA 引脚。第 19 行开启 I^2C1 模块的时钟源;第 20 行复位 I^2C1 模块;第 21 行等待约 $1\mu s$;第 22 行使 I^2C1 退出复位状态,进入工作状态。第 24~26 行与第 20~22 行的含义相同,这里是借助于 CR1 寄存器的第 15 位,使 I^2C1 模块先复位再进入工作状态。这样做的目的在于,确保 I^2C1 模块的各个寄存器的复位值稳定。

第 28~30 行配置 SCL 时钟为 100kHz,参考 6-2~表 6-4。对于工作在常规速度下的 I^2C1,100kHz 是其最高速度。第 32 行开启通用呼叫应答,第 33 行设定 I^2C1 模式为 I^2C 协议工作模式,第 34 行启动 I^2C1。

```
37    void I2C1WriteByte( Int08U addr, Int08U dat)
38    {
39      int tmp;
```

```
40        tmp = tmp;
41        while((I2C1 -> SR2 & (1uL << 1)) == (1uL << 1));      //等待 I2C1 空闲
42        I2C1 -> CR1 |= (1uL << 8);                            //产生 Start 脉冲
43        while((I2C1 -> SR1 & (1uL << 0))!= (1uL << 0));       //等待 Start 脉冲
44        I2C1 -> CR1 &= ~(1uL << 10);                          //清除 AF 标志
45        I2C1 -> DR = 0x78;                                    //OLED 地址:0x78
46
47        while((I2C1 -> SR1 & (1uL << 7))!= (1uL << 7));       //等待 Ack 应答信号
48        tmp = I2C1 -> SR1;
49        tmp = I2C1 -> SR2;                                    //清除 SR1 地址信号
50        I2C1 -> DR = addr;
51
52        while((I2C1 -> SR1 & (1uL << 2))!= (1uL << 2));
53        tmp = I2C1 -> SR1;
54        I2C1 -> DR = dat;
55        while((I2C1 -> SR1 & (1uL << 2))!= (1uL << 2));       //等待 BTF = 1
56        I2C1 -> CR1 |= (1uL << 9);                            //生成 Stop 脉冲
57    }
58
```

第 41 行等待线路空闲;第 42 行发出"开始"信号;第 43 行等待"开始"信号发送完;第 44 行清除应答错误位;第 45 行发送地址 0x78+写信号 0(即 0x78),这里的"地址"是指 SSD1306 控制器配置的引脚状态所确定的地址。一个 I^2C 模块最多可以驱动两块 OLED 显示模块,另一块 OLED 显示模块需将其地址配置为 0x7A(通过调整 OLED 显示模块的 "从地址设定"电阻实现配置)。

第 47 行等待地址发送完成;第 48、49 行依次读 SR1 和 SR2,目的在于清零 SR1 寄存器的第 1 位(即 ADDR 位,见表 6-7);第 50 行发送地址数据(1 字节),这里的"地址"是指 SSD1306 控制器内部的"控制"地址,例如,地址 0x00 为写入命令字节的地址,地址 0x40 为写入数据字节的地址,其他情况请查阅 SSD1306 控制器手册。

第 52 行等待地址数据发送完成;第 53、54 行依次读 SR1 寄存器和写 DR 寄存器,这两个连续的操作将清零 SR1 的第 2 位(即 BFT 位,表 6-7);第 54 行发送数据 dat。第 55 行等待数据发送完成;第 56 行发送"停止"信号(见图 6-3),同时清零 SR1 的第 2 位(即 BFT 位)。

```
59    void WriteCmd(Int08U cmd)            //写命令
60    {
61        I2C1WriteByte(0x00, cmd);
62    }
63
64    void WriteDat(Int08U dat)            //写数据
65    {
66        I2C1WriteByte(0x40, dat);
67    }
68
```

第 59~62 行为向 OLED 模块写命令字节函数 WriteCmd。第 64~67 行为向 OLED 模块写数据字节函数 WriteDat。

```
69    void OLEDInit(void)
70    {
71        OLEDDelay(100);                 //必须延时
72
73        WriteCmd(0xAE);                 //关闭显示
```

```
74       WriteCmd(0x20);
75       WriteCmd(0x10);
76       WriteCmd(0xB0);
77       WriteCmd(0xC8);
78       WriteCmd(0x00);
79       WriteCmd(0x10);
80       WriteCmd(0x40);
81       WriteCmd(0x81);
82       WriteCmd(0xFF);                    //亮度调节 0x00～0xFF
83       WriteCmd(0xA1);
84       WriteCmd(0xA6);
85       WriteCmd(0xA8);
86       WriteCmd(0x3F);
87       WriteCmd(0xA4);
88       WriteCmd(0xD3);
89       WriteCmd(0x00);
90       WriteCmd(0xD5);
91       WriteCmd(0xF0);
92       WriteCmd(0xD9);
93       WriteCmd(0x22);
94       WriteCmd(0xDA);
95       WriteCmd(0x12);
96       WriteCmd(0xDB);
97       WriteCmd(0x20);
98       WriteCmd(0x8D);
99       WriteCmd(0x14);
100      WriteCmd(0xAF);                    //启动 OLED 显示
101   }
102
```

第 69～101 行的函数 OLEDInit 用作 SSD1306 显示控制器初始化 OLED 屏,由 OLED 显示模块厂商提供,参考自 SSD1306 控制器手册。

```
103   void OLEDSetPos(Int08U x, Int08U y) //设置光标
104   {
105      WriteCmd(0xb0 + y);
106      WriteCmd(((x & 0xF0)>> 4) | 0x10);
107      WriteCmd(x & 0x0F);
108   }
109
```

第 103～108 行的函数 OLEDSetPos 将光标移到点(x,y)。在图 6-1 中,OLED 屏左上角为原点(0,0),右下角为(127,63),水平向左为 x 轴正向,竖直向下为 y 轴正向。这里,y 仅能取 0～7,即 OLED 屏只能显示 8 行;x 取值为 0～127,即 OLED 屏可显示 128 列。命令字节 0xB0～0xB7 对应着 Page0 页至 Page7 页,第 105 行将光标移动到第 y 页(即第 y 行)。OLED 屏的列数表示为两字节,称为高半字节和低半字节,其中高半字节的高 4 位固定为 1,低 4 位为 x 的高 4 位;低半字节为 x 的高 4 位固定为 0,低 4 位为 x 的低 4 位。于是第 106～107 行将光标移动到第 x 列。

```
110   void OLEDFill(Int08U val)          //全屏填充
111   {
112      Int08U m,n;
113      for(m = 0;m < 8;m++)
114      {
```

```
115         WriteCmd(0xb0 + m);         //第 m 页
116         WriteCmd(0x00);             //第 0 列
117         WriteCmd(0x10);
118         for(n = 0;n < 128;n++)
119         {
120             WriteDat(val);
121         }
122     }
123 }
124
```

第 110～123 行的函数 OLEDFill 使用 val 填充整个 OLED 屏。第 113～122 行为一个 for 循环体,循环执行 8 次,每次循环执行:第 115～117 行将光标移动到第 m 行第 0 列,第 118～121 行执行 128 次,将 val 依次写入第 m 行的第 0～127 列中。注意:第 m 行即第 m 页。

```
125 void OLEDCLS(void)//清屏
126 {
127     OLEDFill(0x00);
128 }
129
```

OLED 屏的各个像素点(对应的 GDDRAM 存储比特)写入 1 亮,写入 0 灭。第 125～128 行为清屏函数 OLEDCLS,即将 0x00 写入 GDDRAM 显存中,整个 OLED 屏灭。

```
130 void OLEDON(void)                   //唤醒
131 {
132     WriteCmd(0X8D);                 //设置电荷泵
133     WriteCmd(0X14);                 //开启电荷泵
134     WriteCmd(0XAF);                 //OLED 唤醒
135 }
136
137 void OLEDOFF(void)                  //休眠,功耗低于 10μA
138 {
139     WriteCmd(0X8D);                 //设置电荷泵
140     WriteCmd(0X10);                 //关闭电荷泵
141     WriteCmd(0XAE);                 //OLED 休眠
142 }
143
```

第 130～135 行为唤醒 OLED 屏函数 OLEDON;第 137～142 行为休眠 OLED 屏函数 OLEDOFF。

```
144 void OLEDDispStr(Int08U x, Int08U y, Int08U ch[])
145 {
146     Int08U c = 0,i = 0,j = 0;
147     while(ch[j] != '\0')
148     {
149         c = ch[j] - 32;
150         if(x > 120)
151         {
152             x = 0;
153             y++;
154         }
155         OLEDSetPos(x,y);
156         for(i = 0;i < 8;i++)
157             WriteDat(asc16x8[c * 16 + i]);
```

```
158          OLEDSetPos(x,y + 1);
159          for(i = 0;i < 8;i++)
160              WriteDat(asc16x8[c * 16 + i + 8]);
161          x += 8;
162          j++;
163      }
164  }
165
```

第 144～165 行为 OLED 屏输出字符串的函数 OLEDDispStr。第 146 行定义变量 c、i 和 j，并均初始化为 0。第 147～163 行为 while 循环，从左向右依次遍历字符串 ch 的各个字符，直到遇到字符串结束标志"\0"（其 ASCII 码值为 0），每次循环将 ch 的第 j 个字符显示在 OLED 屏上，执行内容为：第 149 行将 ch[j] 转换为其在 asc16x8 数组的行号，赋给变量 c；第 150 行判断列变量 x 是否大于 120，如果为真，则该行不能显示一个完整的字符，则将 x 赋为 0 列（第 152 行），表示行数的 y 加 1（第 153 行）；第 155 行将光标移动到点(x,y)处；第 156～157 行显示字符 ch[j] 的上半部分；第 158 行将光标移动于点(x,y+1)处；第 159～160 行显示字符 ch[j] 的下半部分；表示列数的 x 加 8；表示字符串 ch 中字符序号的变量 j 加 1。注意：每个字符为 16×8 点阵，占据 2 行 8 列。

```
166  void OLEDDispHZ(Int08U x, Int08U y, Int08U n)
167  {
168      Int08U wm = 0;
169      Int32U addr = 32 * n;
170      OLEDSetPos(x , y);
171      for(wm = 0;wm < 16;wm++)
172      {
173          WriteDat(wendu16x16[addr]);
174          addr += 1;
175      }
176      OLEDSetPos(x,y + 1);
177      for(wm = 0;wm < 16;wm++)
178      {
179          WriteDat(wendu16x16[addr]);
180          addr += 1;
181      }
182  }
```

第 166～182 行为 OLED 屏显示汉字的函数 OLEDDispHZ。在头文件 textlib.h 中定义了一个 wendu16x16 数组，包含了"温度：℃"4 个字符。函数 OLEDDispHZ 表示在第 x 列第 y 行显示 wendu16x16 数组中第 n 个汉字，这里，x 可取 0～110（因每个汉字占 16 列，当 x>110 时 OLED 屏当前行无法显示一个完整的汉字），y 可取 0～6（因每个汉字占 2 行，y 最大可取 6），n 只能取 0～3（因为 wendu16x16 数组中只有 4 个字符）。汉字字符的显示方法与英文字符的显示原理相同，都是以点阵的形式显示。第 169 行定义变量 addr，保存第 n 个汉字在数组 wendu16x16 中的起始索引位置；第 170 行将光标移动到(x,y)点；第 171～175 行输出汉字的上半部分，注意在写显存时，显存在列方向上的地址自动加 1，即只需要数组索引 addr 的增加就可以将汉字的点阵数据连续写入显存中；第 176 行将光标移动到(x,y+1)点；第 177～181 行输出汉字的下半部分。

下面介绍 OLED 屏显示实例，在 OLED 屏上显示一行静态文字"温度：28.5 ℃"。

视频讲解

6.1.2 寄存器类型工程实例

在工程 PRJ06 的基础上,新建工程 PRJ07,保在目录 D:\STM32F103C8T6REG\PRJ07
下,此时的工程 PRJ07 与工程 PRJ06 完全相同,然后,进行如下的设计工作。

(1) 新建文件 oled. c 和 oled. h,保存在目录 D:\STM32F103C8T6REG\PRJ07\BSP
下,其中,oled. c 文件如程序段 6-1 所示,oled. h 文件如下面的程序段 6-2 所示。

程序段 6-2 文件 oled. h

```
1    //Filename: oled.h
2
3    # ifndef _OLED_H
4    # define_OLED_H
5
6    # include "vartypes.h"
7
8    # define OLED_ADDRESS0x78
9
10   void I2C1Init(void);
11   void I2C1WriteByte(Int08U addr, Int08U data);
12   void WriteCmd(Int08U cmd);
13   void WriteDat(Int08U dat);
14   void OLEDInit(void);
15   void OLEDSetPos(Int08U x, Int08U y);
16   void OLEDFill(Int08U val);
17   void OLEDCLS(void);
18   void OLEDON(void);
19   void OLEDOFF(void);
20   void OLEDDispStr(Int08U x, Int08U y, Int08U ch[]);
21   void OLEDDispHZ(Int08U x, Int08U y, Int08U n);
22
23   # endif
```

在文件 oled. h 中声明了文件 oled. c 中定义的 12 个函数,依次为 I^2C1 模块初始化函数
I2C1Init(第 10 行)、I^2C1 模块通信函数 I2C1WriteByte(第 11 行)、写命令字节函数
WriteCmd(第 12 行)、写数据字节函数(第 13 行)、OLED 显示模块初始化函数 OLEDInit
(第 14 行)、OLED 屏光标设置函数 OLEDSetPos(第 15 行)、OLED 屏填充函数 OLEDFill
(第 16 行)、OLED 屏清屏函数 OLEDCLS(第 17 行)、OLED 屏唤醒函数 OLEDON(第 18
行)、OLED 屏休眠函数 OLEDOFF(第 19 行)、OLED 屏显示英文字符串函数
OLEDDispStr(第 20 行)和 OLED 屏显示汉字函数(第 21 行)。

(2) 新建文件 textlib. h,保存在目录 D:\STM32F103C8T6REG\PRJ07\BSP 下,其代
码如程序段 6-3 所示。

程序段 6-3 文件 textlib. h

```
1    //Filename: textlib.h
2
3    # include "vartypes.h"
4
5    // 16×16 点阵字体取模方式: 共阴——列行式——逆向输出
6    const Int08U wendu16x16[] =
7    {
```

```
8      0x10,0x60,0x02,0x8C,0x00,0x00,0xFE,0x92,0x92,0x92,0x92,0x92,0xFE,0x00,0x00,0x00,
9      0x04,0x04,0x7E,0x01,0x40,0x7E,0x42,0x42,0x7E,0x42,0x7E,0x42,0x42,0x7E,0x40,
       0x00,/*"温",0*/
10     0x00,0x00,0xFC,0x24,0x24,0x24,0xFC,0x25,0x26,0x24,0xFC,0x24,0x24,0x24,0x04,0x00,
11     0x40,0x30,0x8F,0x80,0x84,0x4C,0x55,0x25,0x25,0x25,0x55,0x4C,0x80,0x80,0x80,
       0x00,/*"度",1*/
12     0x00,0x00,0x00,0x00,0x00,0x00,0x00,0x00,0x00,0x00,0x00,0x00,0x00,0x00,0x00,0x00,
13      0x00,0x00,0x36,0x36,0x00,0x00,0x00,0x00,0x00,0x00,0x00,0x00,0x00,0x00,0x00,
       0x00,/*":",2*/
14     0x06,0x09,0x09,0xE6,0xF8,0x0C,0x04,0x02,0x02,0x02,0x02,0x02,0x04,0x1E,0x00,0x00,
15     0x00,0x00,0x00,0x07,0x1F,0x30,0x20,0x40,0x40,0x40,0x40,0x40,0x20,0x10,0x00,0x00/
       *"℃",3*/
16     };
17
18     const Int08U asc16x8[ ] =
19     {
20       0x00,0x00,0x00,0x00,0x00,0x00,0x00,0x00,0x00,0x00,0x00,0x00,0x00,0x00,0x00,
         0x00,// 0
21       0x00,0x00,0x00,0xF8,0x00,0x00,0x00,0x00,0x00,0x00,0x00,0x33,0x30,0x00,0x00,
         0x00,//! 1
22       0x00,0x10,0x0C,0x06,0x10,0x0C,0x06,0x00,0x00,0x00,0x00,0x00,0x00,0x00,0x00,
         0x00,//" 2
23       0x40,0xC0,0x78,0x40,0xC0,0x78,0x40,0x00,0x04,0x3F,0x04,0x04,0x3F,0x04,0x04,
         0x00,//# 3
24       0x00,0x70,0x88,0xFC,0x08,0x30,0x00,0x00,0x00,0x18,0x20,0xFF,0x21,0x1E,0x00,
         0x00,//$ 4
25       0xF0,0x08,0xF0,0x00,0xE0,0x18,0x00,0x00,0x00,0x21,0x1C,0x03,0x1E,0x21,0x1E,
         0x00,//% 5
26       0x00,0xF0,0x08,0x88,0x70,0x00,0x00,0x00,0x1E,0x21,0x23,0x24,0x19,0x27,0x21,
         0x10,//& 6
27       0x10,0x16,0x0E,0x00,0x00,0x00,0x00,0x00,0x00,0x00,0x00,0x00,0x00,0x00,0x00,
         0x00,//' 7
28       0x00,0x00,0x00,0xE0,0x18,0x04,0x02,0x00,0x00,0x00,0x00,0x07,0x18,0x20,0x40,
         0x00,//( 8
29       0x00,0x02,0x04,0x18,0xE0,0x00,0x00,0x00,0x00,0x40,0x20,0x18,0x07,0x00,0x00,
         0x00,//) 9
30       0x40,0x40,0x80,0xF0,0x80,0x40,0x40,0x00,0x02,0x02,0x01,0x0F,0x01,0x02,0x02,
         0x00,// * 10
31       0x00,0x00,0x00,0xF0,0x00,0x00,0x00,0x00,0x01,0x01,0x01,0x1F,0x01,0x01,0x01,
         0x00,// + 11
32       0x00,0x00,0x00,0x00,0x00,0x00,0x00,0x00,0x80,0xB0,0x70,0x00,0x00,0x00,0x00,
         0x00,//, 12
33       0x00,0x00,0x00,0x00,0x00,0x00,0x00,0x00,0x00,0x01,0x01,0x01,0x01,0x01,0x01,
         0x01,// - 13
34       0x00,0x00,0x00,0x00,0x00,0x00,0x00,0x00,0x00,0x30,0x30,0x00,0x00,0x00,0x00,
         0x00,//. 14
35       0x00,0x00,0x00,0x00,0x80,0x60,0x18,0x04,0x00,0x60,0x18,0x06,0x01,0x00,0x00,
         0x00,/// 15
36       0x00,0xE0,0x10,0x08,0x08,0x10,0xE0,0x00,0x00,0x0F,0x10,0x20,0x20,0x10,0x0F,
         0x00,//0 16
37       0x00,0x10,0x10,0xF8,0x00,0x00,0x00,0x00,0x00,0x20,0x20,0x3F,0x20,0x20,0x00,
         0x00,//1 17
38       0x00,0x70,0x08,0x08,0x08,0x88,0x70,0x00,0x00,0x30,0x28,0x24,0x22,0x21,0x30,
         0x00,//2 18
39       0x00,0x30,0x08,0x88,0x88,0x48,0x30,0x00,0x00,0x18,0x20,0x20,0x20,0x11,0x0E,
         0x00,//3 19
40       0x00,0x00,0xC0,0x20,0x10,0xF8,0x00,0x00,0x00,0x07,0x04,0x24,0x24,0x3F,0x24,
```

```
         0x00,//4 20
41       0x00, 0xF8, 0x08, 0x88, 0x88, 0x08, 0x08, 0x00, 0x00, 0x19, 0x21, 0x20, 0x20, 0x11, 0x0E,
         0x00,//5 21
42       0x00, 0xE0, 0x10, 0x88, 0x88, 0x18, 0x00, 0x00, 0x00, 0x0F, 0x11, 0x20, 0x20, 0x11, 0x0E,
         0x00,//6 22
43       0x00, 0x38, 0x08, 0x08, 0xC8, 0x38, 0x08, 0x00, 0x00, 0x00, 0x00, 0x3F, 0x00, 0x00, 0x00,
         0x00,//7 23
44       0x00, 0x70, 0x88, 0x08, 0x08, 0x88, 0x70, 0x00, 0x00, 0x1C, 0x22, 0x21, 0x21, 0x22, 0x1C,
         0x00,//8 24
45       0x00, 0xE0, 0x10, 0x08, 0x08, 0x10, 0xE0, 0x00, 0x00, 0x00, 0x31, 0x22, 0x22, 0x11, 0x0F,
         0x00,//9 25
46       0x00, 0x00, 0x00, 0xC0, 0xC0, 0x00, 0x00, 0x00, 0x00, 0x00, 0x00, 0x30, 0x30, 0x00, 0x00,
         0x00,//: 26
47       0x00, 0x00, 0x00, 0x80, 0x00, 0x00, 0x00, 0x00, 0x00, 0x00, 0x80, 0x60, 0x00, 0x00, 0x00,
         0x00,//; 27
48       0x00, 0x00, 0x80, 0x40, 0x20, 0x10, 0x08, 0x00, 0x00, 0x01, 0x02, 0x04, 0x08, 0x10, 0x20,
         0x00,//< 28
49       0x40, 0x40, 0x40, 0x40, 0x40, 0x40, 0x40, 0x00, 0x04, 0x04, 0x04, 0x04, 0x04, 0x04, 0x04,
         0x00,// = 29
50       0x00, 0x08, 0x10, 0x20, 0x40, 0x80, 0x00, 0x00, 0x00, 0x20, 0x10, 0x08, 0x04, 0x02, 0x01,
         0x00,//> 30
51       0x00, 0x70, 0x48, 0x08, 0x08, 0x08, 0xF0, 0x00, 0x00, 0x00, 0x00, 0x30, 0x36, 0x01, 0x00,
         0x00,//? 31
52       0xC0, 0x30, 0xC8, 0x28, 0xE8, 0x10, 0xE0, 0x00, 0x07, 0x18, 0x27, 0x24, 0x23, 0x14, 0x0B,
         0x00,//@ 32
53       0x00, 0x00, 0xC0, 0x38, 0xE0, 0x00, 0x00, 0x00, 0x20, 0x3C, 0x23, 0x02, 0x02, 0x27, 0x38,
         0x20,//A 33
54       0x08, 0xF8, 0x88, 0x88, 0x88, 0x70, 0x00, 0x00, 0x20, 0x3F, 0x20, 0x20, 0x20, 0x11, 0x0E,
         0x00,//B 34
55       0xC0, 0x30, 0x08, 0x08, 0x08, 0x08, 0x38, 0x00, 0x07, 0x18, 0x20, 0x20, 0x20, 0x10, 0x08,
         0x00,//C 35
56       0x08, 0xF8, 0x08, 0x08, 0x08, 0x10, 0xE0, 0x00, 0x20, 0x3F, 0x20, 0x20, 0x20, 0x10, 0x0F,
         0x00,//D 36
57       0x08, 0xF8, 0x88, 0x88, 0xE8, 0x08, 0x10, 0x00, 0x20, 0x3F, 0x20, 0x20, 0x23, 0x20, 0x18,
         0x00,//E 37
58       0x08, 0xF8, 0x88, 0x88, 0xE8, 0x08, 0x10, 0x00, 0x20, 0x3F, 0x20, 0x00, 0x03, 0x00, 0x00,
         0x00,//F 38
59       0xC0, 0x30, 0x08, 0x08, 0x08, 0x38, 0x00, 0x00, 0x07, 0x18, 0x20, 0x20, 0x22, 0x1E, 0x02,
         0x00,//G 39
60       0x08, 0xF8, 0x08, 0x00, 0x00, 0x08, 0xF8, 0x08, 0x20, 0x3F, 0x21, 0x01, 0x01, 0x21, 0x3F,
         0x20,//H 40
61       0x00, 0x08, 0x08, 0xF8, 0x08, 0x08, 0x00, 0x00, 0x00, 0x20, 0x20, 0x3F, 0x20, 0x20, 0x00,
         0x00,//I 41
62       0x00, 0x00, 0x08, 0x08, 0xF8, 0x08, 0x08, 0x00, 0xC0, 0x80, 0x80, 0x80, 0x7F, 0x00, 0x00,
         0x00,//J 42
63       0x08, 0xF8, 0x88, 0xC0, 0x28, 0x18, 0x08, 0x00, 0x20, 0x3F, 0x20, 0x01, 0x26, 0x38, 0x20,
         0x00,//K 43
64       0x08, 0xF8, 0x08, 0x00, 0x00, 0x00, 0x00, 0x00, 0x20, 0x3F, 0x20, 0x20, 0x20, 0x20, 0x30,
         0x00,//L 44
65       0x08, 0xF8, 0xF8, 0x00, 0xF8, 0xF8, 0x08, 0x00, 0x20, 0x3F, 0x00, 0x3F, 0x00, 0x3F, 0x20,
         0x00,//M 45
66       0x08, 0xF8, 0x30, 0xC0, 0x00, 0x08, 0xF8, 0x08, 0x20, 0x3F, 0x20, 0x00, 0x07, 0x18, 0x3F,
         0x00,//N 46
67       0xE0, 0x10, 0x08, 0x08, 0x08, 0x10, 0xE0, 0x00, 0x0F, 0x10, 0x20, 0x20, 0x20, 0x10, 0x0F,
         0x00,//O 47
68       0x08, 0xF8, 0x08, 0x08, 0x08, 0x08, 0xF0, 0x00, 0x20, 0x3F, 0x21, 0x01, 0x01, 0x01, 0x00,
         0x00,//P 48
```

69   0xE0, 0x10, 0x08, 0x08, 0x08, 0x10, 0xE0, 0x00, 0x0F, 0x18, 0x24, 0x24, 0x38, 0x50, 0x4F,
0x00,//Q 49

70   0x08, 0xF8, 0x88, 0x88, 0x88, 0x88, 0x70, 0x00, 0x20, 0x3F, 0x20, 0x00, 0x03, 0x0C, 0x30,
0x20,//R 50

71   0x00, 0x70, 0x88, 0x08, 0x08, 0x08, 0x38, 0x00, 0x38, 0x20, 0x21, 0x21, 0x22, 0x1C,
0x00,//S 51

72   0x18, 0x08, 0x08, 0xF8, 0x08, 0x08, 0x18, 0x00, 0x00, 0x00, 0x20, 0x3F, 0x20, 0x00, 0x00,
0x00,//T 52

73   0x08, 0xF8, 0x08, 0x00, 0x00, 0x08, 0xF8, 0x08, 0x00, 0x1F, 0x20, 0x20, 0x20, 0x20, 0x1F,
0x00,//U 53

74   0x08, 0x78, 0x88, 0x00, 0x00, 0xC8, 0x38, 0x08, 0x00, 0x00, 0x07, 0x38, 0x0E, 0x01, 0x00,
0x00,//V 54

75   0xF8, 0x08, 0x00, 0xF8, 0x00, 0x08, 0xF8, 0x00, 0x03, 0x3C, 0x07, 0x00, 0x07, 0x3C, 0x03,
0x00,//W 55

76   0x08, 0x18, 0x68, 0x80, 0x80, 0x68, 0x18, 0x08, 0x20, 0x30, 0x2C, 0x03, 0x03, 0x2C, 0x30,
0x20,//X 56

77   0x08, 0x38, 0xC8, 0x00, 0xC8, 0x38, 0x08, 0x00, 0x00, 0x00, 0x20, 0x3F, 0x20, 0x00, 0x00,
0x00,//Y 57

78   0x10, 0x08, 0x08, 0x08, 0xC8, 0x38, 0x08, 0x00, 0x20, 0x38, 0x26, 0x21, 0x20, 0x20, 0x18,
0x00,//Z 58

79   0x00, 0x00, 0x00, 0xFE, 0x02, 0x02, 0x02, 0x00, 0x00, 0x00, 0x00, 0x7F, 0x40, 0x40, 0x40,
0x00,//[59

80   0x00, 0x0C, 0x30, 0xC0, 0x00, 0x00, 0x00, 0x00, 0x00, 0x00, 0x00, 0x01, 0x06, 0x38, 0xC0,
0x00,//\ 60

81   0x00, 0x02, 0x02, 0x02, 0xFE, 0x00, 0x00, 0x00, 0x00, 0x40, 0x40, 0x40, 0x7F, 0x00, 0x00,
0x00,//] 61

82   0x00, 0x00, 0x04, 0x02, 0x02, 0x02, 0x04, 0x00, 0x00, 0x00, 0x00, 0x00, 0x00, 0x00, 0x00,
0x00,//^ 62

83   0x00, 0x00, 0x00, 0x00, 0x00, 0x00, 0x00, 0x00, 0x80, 0x80, 0x80, 0x80, 0x80, 0x80, 0x80,
0x80,//_ 63

84   0x00, 0x02, 0x02, 0x04, 0x00, 0x00, 0x00, 0x00, 0x00, 0x00, 0x00, 0x00, 0x00, 0x00, 0x00,
0x00,//` 64

85   0x00, 0x00, 0x80, 0x80, 0x80, 0x80, 0x00, 0x00, 0x00, 0x19, 0x24, 0x22, 0x22, 0x22, 0x3F,
0x20,//a 65

86   0x08, 0xF8, 0x00, 0x80, 0x80, 0x00, 0x00, 0x00, 0x00, 0x3F, 0x11, 0x20, 0x20, 0x11, 0x0E,
0x00,//b 66

87   0x00, 0x00, 0x00, 0x80, 0x80, 0x80, 0x00, 0x00, 0x00, 0x0E, 0x11, 0x20, 0x20, 0x20, 0x11,
0x00,//c 67

88   0x00, 0x00, 0x00, 0x80, 0x80, 0x88, 0xF8, 0x00, 0x00, 0x0E, 0x11, 0x20, 0x20, 0x10, 0x3F,
0x20,//d 68

89   0x00, 0x00, 0x80, 0x80, 0x80, 0x80, 0x00, 0x00, 0x00, 0x1F, 0x22, 0x22, 0x22, 0x22, 0x13,
0x00,//e 69

90   0x00, 0x80, 0x80, 0xF0, 0x88, 0x88, 0x88, 0x18, 0x00, 0x20, 0x20, 0x3F, 0x20, 0x20, 0x00,
0x00,//f 70

91   0x00, 0x00, 0x80, 0x80, 0x80, 0x80, 0x80, 0x00, 0x00, 0x6B, 0x94, 0x94, 0x94, 0x93, 0x60,
0x00,//g 71

92   0x08, 0xF8, 0x00, 0x80, 0x80, 0x80, 0x00, 0x00, 0x20, 0x3F, 0x21, 0x00, 0x00, 0x20, 0x3F,
0x20,//h 72

93   0x00, 0x80, 0x98, 0x98, 0x00, 0x00, 0x00, 0x00, 0x00, 0x20, 0x20, 0x3F, 0x20, 0x20, 0x00,
0x00,//i 73

94   0x00, 0x00, 0x00, 0x80, 0x98, 0x98, 0x00, 0x00, 0x00, 0xC0, 0x80, 0x80, 0x80, 0x7F, 0x00,
0x00,//j 74

95   0x08, 0xF8, 0x00, 0x00, 0x80, 0x80, 0x80, 0x00, 0x20, 0x3F, 0x24, 0x02, 0x2D, 0x30, 0x20,
0x00,//k 75

96   0x00, 0x08, 0x08, 0xF8, 0x00, 0x00, 0x00, 0x00, 0x00, 0x20, 0x20, 0x3F, 0x20, 0x20, 0x00,
0x00,//l 76

```
97       0x80, 0x80, 0x80, 0x80, 0x80, 0x80, 0x80, 0x00, 0x20, 0x3F, 0x20, 0x00, 0x3F, 0x20, 0x00,
         0x3F, //m 77
98       0x80, 0x80, 0x00, 0x80, 0x80, 0x80, 0x00, 0x00, 0x20, 0x3F, 0x21, 0x00, 0x00, 0x20, 0x3F,
         0x20, //n 78
99       0x00, 0x00, 0x80, 0x80, 0x80, 0x80, 0x00, 0x00, 0x00, 0x1F, 0x20, 0x20, 0x20, 0x20, 0x1F,
         0x00, //o 79
100      0x80, 0x80, 0x00, 0x80, 0x80, 0x80, 0x00, 0x00, 0x00, 0x80, 0xFF, 0xA1, 0x20, 0x20, 0x11, 0x0E,
         0x00, //p 80
101      0x00, 0x00, 0x00, 0x80, 0x80, 0x80, 0x80, 0x00, 0x00, 0x0E, 0x11, 0x20, 0x20, 0xA0, 0xFF,
         0x80, //q 81
102      0x80, 0x80, 0x80, 0x00, 0x80, 0x80, 0x80, 0x00, 0x20, 0x20, 0x3F, 0x21, 0x20, 0x00, 0x01,
         0x00, //r 82
103      0x00, 0x00, 0x80, 0x80, 0x80, 0x80, 0x80, 0x00, 0x00, 0x33, 0x24, 0x24, 0x24, 0x24, 0x19,
         0x00, //s 83
104      0x00, 0x80, 0x80, 0xE0, 0x80, 0x80, 0x00, 0x00, 0x00, 0x00, 0x00, 0x1F, 0x20, 0x20, 0x00,
         0x00, //t 84
105      0x80, 0x80, 0x00, 0x00, 0x00, 0x80, 0x80, 0x00, 0x00, 0x1F, 0x20, 0x20, 0x20, 0x10, 0x3F,
         0x20, //u 85
106      0x80, 0x80, 0x80, 0x00, 0x00, 0x80, 0x80, 0x80, 0x00, 0x01, 0x0E, 0x30, 0x08, 0x06, 0x01,
         0x00, //v 86
107      0x80, 0x80, 0x00, 0x80, 0x00, 0x80, 0x80, 0x80, 0x0F, 0x30, 0x0C, 0x03, 0x0C, 0x30, 0x0F,
         0x00, //w 87
108      0x00, 0x80, 0x80, 0x00, 0x80, 0x80, 0x80, 0x00, 0x00, 0x20, 0x31, 0x2E, 0x0E, 0x31, 0x20,
         0x00, //x 88
109      0x80, 0x80, 0x80, 0x00, 0x00, 0x80, 0x80, 0x80, 0x80, 0x81, 0x8E, 0x70, 0x18, 0x06, 0x01,
         0x00, //y 89
110      0x00, 0x80, 0x80, 0x80, 0x80, 0x80, 0x80, 0x00, 0x00, 0x21, 0x30, 0x2C, 0x22, 0x21, 0x30,
         0x00, //z 90
111      0x00, 0x00, 0x00, 0x00, 0x80, 0x7C, 0x02, 0x02, 0x00, 0x00, 0x00, 0x00, 0x00, 0x3F, 0x40,
         0x40, //{ 91
112      0x00, 0x00, 0x00, 0x00, 0xFF, 0x00, 0x00, 0x00, 0x00, 0x00, 0x00, 0x00, 0xFF, 0x00, 0x00,
         0x00, //| 92
113      0x00, 0x02, 0x02, 0x7C, 0x80, 0x00, 0x00, 0x00, 0x00, 0x40, 0x40, 0x3F, 0x00, 0x00, 0x00,
         0x00, //} 93
114      0x00, 0x06, 0x01, 0x01, 0x02, 0x02, 0x04, 0x04, 0x00, 0x00, 0x00, 0x00, 0x00, 0x00, 0x00,
         0x00, //~ 94
115      };
```

第 6～16 行定义了"温度：℃"等 4 个字符的 16×16 点阵数据 wendu16x16。第 18～115 行定义了 95 个 ASCII 码的 16×8 点阵数组 asc16x8，asc16x8 为一维数组，显示为 95 行 16 列，每行对应着一个字符，从 ASCII 码值为 32 的"空格"字符开始至 ASCII 码值为 126 的字符"～"结束，数组 asc16x8 中的第 i 行对应着 ASCII 值为 i＋32 的字符的点阵。在数组 asc16X8 的每行末尾列出了该行对应的 ASCII 字符。

上述两个点阵数组均由软件 PCtoLCD2002 生成，生成方式为"共阴—列行式—逆向输出"模式。

（3）修改 includes. h 文件，如程序段 6-4 所示。

程序段 6-4 文件 includes. h

```
1    //Filename: includes.h
2
3    # include "stm32f10x. h"
4
5    # include "vartypes. h"
```

```
6     # include "bsp. h"
7     # include "led. h"
8     # include "key. h"
9     # include "beep. h"
10    # include "tim2. h"
11    # include "oled. h"
```

这里，第 11 行包括 OLED 屏显示操作相关的头文件 oled. h。

（4）修改 bsp. c 文件，如程序段 6-5 所示。

程序段 6-5　文件 bsp. c

```
1     //Filename: bsp. c
2
3     # include "includes. h"
4
5     void BSPInit()
6     {
7         LEDInit();
8         BEEPInit();
9         KEYInit();
10        EXTIKeyInit();
11        TIM2Init();
12        I2C1Init();
13        OLEDInit();
14    }
```

对比程序段 5-21，这里添加了第 12、13 行，分别调用函数 I2C1Init 和 OLEDInit 对 I^2C1 模块和 OLED 屏进行初始化。

（5）修改 main. c 文件，如程序段 6-6 所示。

程序段 6-6　文件 main. c

```
1     //Filename: main.c
2
3     # include "includes. h"
4
5     void Delay(Int32U);
6
7     int main(void)
8     {
9         BSPInit();
10
11        OLEDCLS();
12        OLEDON();
13        OLEDDispHZ(10,2,0);
14        OLEDDispHZ(26,2,1);
15        OLEDDispHZ(42,2,2);
16        OLEDDispHZ(106,2,3);
17        OLEDDispStr(60,2,(Int08U * )"28.5");
18
19        while(1)
20        {
21            LED(1,1);
22            Delay(600);
23            LED(1,0);
24            Delay(600);
```

```
25      }
26      return 0;
27  }
28  void Delay( Int32U u)
29  {
30      volatile Int32U i,j;
31      for(i = 0;i < u;i++)
32          for(j = 0;j < 7200;j++);
33  }
```

在 main 函数中,第 11 行对 OLED 屏清屏(实际上是清零显存 GDDRAM);第 12 行唤醒 OLED 屏;第 13~17 行输出静态文字"温度:28.5 ℃"。第 19~25 行为 while 无限循环体,循环执行"LED 灯 D2 亮,延时约 1s,LED 灯 D2 灭,延时约 1s"。

(6)将文件 oled.c 添加到工程管理器的 BSP 分组下。建设好的工程 PRJ07 如图 6-4 所示。

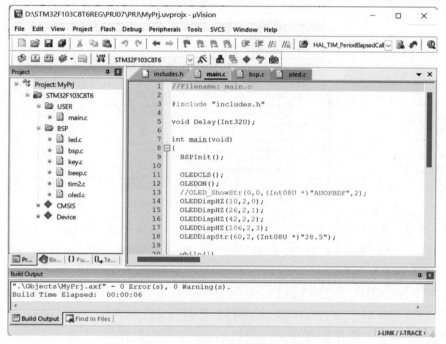

图 6-4　工程 PRJ07 工作窗口

在图 6-4 中,编译链接并运行工程 PRJ07,OLED 屏的显示结果如图 6-5 所示。

图 6-5　OLED 屏的显示结果

视频讲解

6.1.3 HAL 类型工程实例

在工程 HPrj06 的基础上，新建工程 HPrj07，保存在目录 D:\STM32F103C8T6HAL\HPrj07 下，此时的工程 HPrj07 与工程 HPrj06 完全相同，然后，进行下面的设计工作。

（1）在 STM32CubeMX 开发环境下，选择 I2C1，如图 6-6 所示。

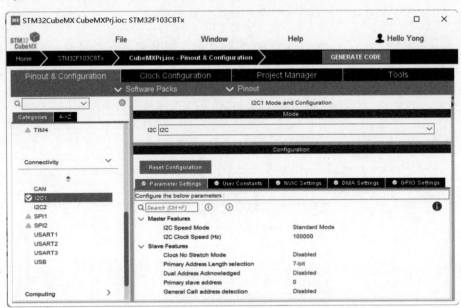

图 6-6　配置 I^2C1 模块

在图 6-6 中，在 I2C 模式中选择 I2C，在 I2C Speed Mode 处选择 Standard Mode，即标准模式；在 I2C Clock Speed（Hz）处设置 100000，表示 100kHz。然后，单击 GENERATE CODE 生成 CubeMX 工程。

（2）在 Keil MDK 开发环境中，新建文件 oled.c 和 oled.h，保存在目录 D:\STM32F103C8T6HAL\HPrj07\BSP 下，其中，oled.h 文件如程序段 6-2 所示，删除其中的第 10 行语句；oled.c 文件如程序段 6-1 所示，删除其中的第 13～35 行，即删除其中的 I2C1Init 函数。

（3）新建文件 textlib.h，保存在目录 D:\STM32F103C8T6HAL\HPrj07\BSP 下，其代码如程序段 6-3 所示。

（4）修改 includes.h 文件，如程序段 6-7 所示。

程序段 6-7　文件 includes.h

```
1    //Filename: includes.h
2
3    # include "main.h"
4
5    # include "vartypes.h"
6    # include "led.h"
7    # include "beep.h"
8    # include "tim2.h"
9    # include "oled.h"
```

文件 includes. h 中包括系统头文件 main. h 和自定义的头文件 vartypes. h、led. h、beep. h、tim2. h 和 oled. h。

（5）修改 mymain. c 文件，如程序段 6-8 所示。

程序段 6-8　文件 mymain. c

```
1    //Filename: mymain.c
2
3    #include "includes.h"
4    void Delay(Int32U u);
5
6    void mymain(void)
7    {
8      TIM2Init();
9      OLEDInit();
10
```

此处省略的第 11～27 行与程序段 6-6 的第 11～27 行相同。

```
28   void Delay(Int32U u)
29   {
30     volatile Int32U i,j;
31     for(i=0;i<u;i++)
32         for(j=0;j<7200;j++);
33   }
```

第 28～33 行为一个延时函数 Delay。

（6）将文件 oled. c 添加到工程管理器的 App/User/BSP 分组下，完成后的工程 HPrj07 如图 6-7 所示。工程 HPrj07 的执行情况与工程 PRJ07 完全相同，不再赘述。

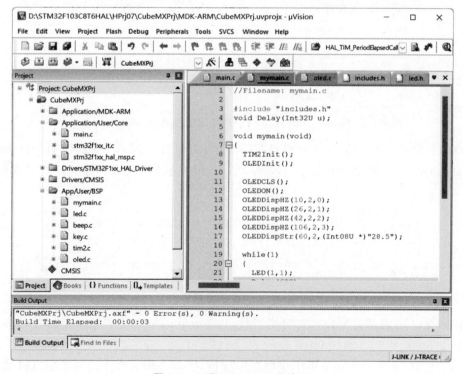

图 6-7　工程 HPrj07 工作窗口

6.2 温度传感器

美信公司的 DS18B20 芯片是最常用的温度传感器,工作在单一总线模式下,称作"一线"芯片,只占用 STM32F103C8T6 微控制器的一个 GPIO,测温精度为±0.5℃,表示测量结果的最高精度为 0.0625℃,主要用于测温精度要求不高的环境温度测量。本节将首先介绍 DS18B20 芯片的单总线访问工作原理,主要参考自 DS18B20 芯片手册;然后介绍读取实时温度的程序设计方法。

6.2.1 DS18B20 工作原理

DS18B20 是一款常用的温度传感器,只有 3 个引脚,即电源 V_{DD}、地 GND 和双向数据口 DQ。根据图 2-6 和图 2-2 可知,在 STM32F103C8T6 学习板上,DS18B20 的 DQ 与STM32F103C8T6 的 PB0 相连接。DS18B20 的测温精度为±0.5℃(−10~85℃),可用 9~12 位表示测量结果,默认情况下,用 12 位表示测量结果,数值精度为 0.0625℃。

DS18B20 内部集成的快速 RAM 结构如图 6-8 所示。

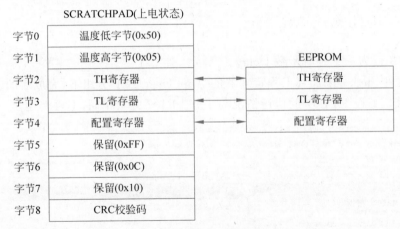

图 6-8　DS18B20 内部集成的快速 RAM 结构

在图 6-8 中,8 比特的配置寄存器只有第 6 位 R1 和第 5 位 R0 有意义(第 7 位必须为 0,第 0~4 位必须为 1),如果 R1:R0=11b 时,用 12 位表示采样的温度值,数据格式如图 6-9所示。

位7							位0
2^3	2^2	2^1	2^0	2^{-1}	2^{-2}	2^{-3}	2^{-4}

温度低字节

位15							位8
S	S	S	S	S	2^6	2^5	2^4

温度高字节

图 6-9　温度值数据格式

在图 6-9 中,S 表示符号位和符号扩展位,1 表示负,0 表示正;其余位标注了各位上的权值。例如,0000 0001 1001 0001b 表示 25.0625。

在图 6-8 中,字节 0 和字节 1 用于保存温度值,字节 2 和字节 3 分别对应 TH 寄存器和

TL 寄存器,用于表示高温报警门限和低温报警门限,如果不使用温度报警命令,这两个字节可用作用户存储空间。字节 8 为 CRC 校验码,用于校验读出的 RAM 数据的正确性。DS18B20 CRC 校检使用的生成函数为 $x^8+x^5+x^4+1$。例如,读出 RAM 的 9 字节的值依次为 0xDD、0x01、0x4B、0x46、0x7F、0xFF、0x03、0x10 和 0x1E,其中 0x1E 为 CRC 检验码,当前温度值为 0x01DD,即 29.8125℃。

DS18B20 的常用操作流程如图 6-10 所示。

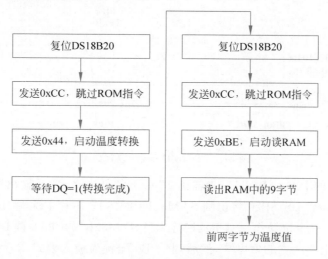

图 6-10　DS18B20 的常用操作流程

在图 6-10 中,DS18B20 的复位时序如图 6-11 所示。

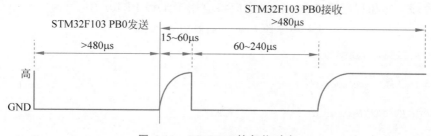

图 6-11　DS18B20 的复位时序

在图 6-11 中,将 STM32F103C8T6 微控制器的 PB0 口设为输出口,输出宽度为 $480\mu s$ 的低电平,然后,将 PB0 口配置为输入模式,等待约 $60\mu s$ 后,可以读到低电平,再等待 $420\mu s$ 后,DS18B20 复位完成。在图 6-10 中,当 DS18B20 复位完成后,STM32F103C8T6 向 DS18B20 发送 0xCC,该指令跳过 ROM 指令,再发送 0x44,启动温度转换。在 12 位的数据模式下,DS18B20 将花费较多的时间完成转换(最长为 750ms),在转换过程中,DQ 被 DS18B20 锁住为 0,当转换完成后,DQ 被释放为 1。STM32F103C8T6 的 PB0 口读取 DQ 的值,直到读到 1 后,才进行下一步的操作。然后,再一次复位 DS18B20,发送 0xCC 指令给 DS18B20,然后,发送 0xBE 指令,启动读 RAM 的 9 个数据,接着读出 RAM 中的 9 字节,其中前两字节为温度值。

DS18B20 位的读写时序如图 6-12 所示。

图 6-12 给出了 STM32F103C8T6 读写 DS18B20 的位访问时序,对于写时序:令

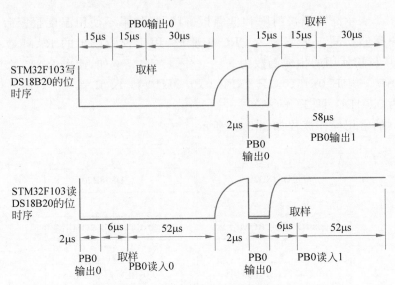

图 6-12 DS18B20 位的读写时序

STM32F103C8T6 的 PB0 为输出口,先输出 15μs 宽的低电平,然后输出所要求输出的电平(0 或 1),等待 15μs 后 DS18B20 将识别 STM32F103C8T6 芯片 PB0 输出的位的值,再等待 30μs 后才能进行下一个位操作。对于读时序:当 STM32F103C8T6 读 DS18B20 时,首先令 PB0 为输出口,输出 2μs 宽的低电平,然后,将 PB0 配置为输入模式,等待 6μs 后读出值,此时读到的值即 DS18B20 的 DQ 输出值,然后,等待 52μs 后,才能进行下一个位操作。

在上述工作原理的基础上,访问 DS18B20 的程序文件 ds18b20.c 和头文件 ds18b20.h 分别如程序段 6-9 和程序段 6-10 所示,它们将应用于工程 PRJ08 中。

程序段 6-9 ds18b20.c 文件

```
1   //Filename: ds18b20.c
2
3   # include "includes.h"
4
5   void My18B20Init(void)            //PB0
6   {
7     RCC -> APB2ENR | = (1uL << 3);       //使能 PORTB 时钟
8     GPIOB -> CRL | = (1uL << 0);GPIOB -> CRL & = ~(7uL << 1);   //PB0 为输出口
9   }
10
```

第 5 ~ 9 行为 DS18B20 初始化函数 My18B20Init。结合图 2-6 和图 2-2 可知,STM32F103C8T6 微控制器的 PB0 口与 DS18B20 的 DQ 端口相连接。这里第 7 行为 PB 口提供工作时钟,第 8 行将 PB0 设为输出模式(注:后面根据需要将调整 PB0 的工作模式)。

```
11  volatile const Int08U CRCTable[256] = { //CRC8(Little - endian)
12    0x00,0x5E,0xBC,0xE2,0x61,0x3F,0xDD,0x83,0xC2,0x9C,0x7E,0x20,0xA3,0xFD,0x1F,0x41,
13    0x9D,0xC3,0x21,0x7F,0xFC,0xA2,0x40,0x1E,0x5F,0x01,0xE3,0xBD,0x3E,0x60,0x82,0xDC,
14    0x23,0x7D,0x9F,0xC1,0x42,0x1C,0xFE,0xA0,0xE1,0xBF,0x5D,0x03,0x80,0xDE,0x3C,0x62,
15    0xBE,0xE0,0x02,0x5C,0xDF,0x81,0x63,0x3D,0x7C,0x22,0xC0,0x9E,0x1D,0x43,0xA1,0xFF,
16    0x46,0x18,0xFA,0xA4,0x27,0x79,0x9B,0xC5,0x84,0xDA,0x38,0x66,0xE5,0xBB,0x59,0x07,
17    0xDB,0x85,0x67,0x39,0xBA,0xE4,0x06,0x58,0x19,0x47,0xA5,0xFB,0x78,0x26,0xC4,0x9A,
18    0x65,0x3B,0xD9,0x87,0x04,0x5A,0xB8,0xE6,0xA7,0xF9,0x1B,0x45,0xC6,0x98,0x7A,0x24,
```

```
19      0xF8,0xA6,0x44,0x1A,0x99,0xC7,0x25,0x7B,0x3A,0x64,0x86,0xD8,0x5B,0x05,0xE7,0xB9,
20      0x8C,0xD2,0x30,0x6E,0xED,0xB3,0x51,0x0F,0x4E,0x10,0xF2,0xAC,0x2F,0x71,0x93,0xCD,
21      0x11,0x4F,0xAD,0xF3,0x70,0x2E,0xCC,0x92,0xD3,0x8D,0x6F,0x31,0xB2,0xEC,0x0E,0x50,
22      0xAF,0xF1,0x13,0x4D,0xCE,0x90,0x72,0x2C,0x6D,0x33,0xD1,0x8F,0x0C,0x52,0xB0,0xEE,
23      0x32,0x6C,0x8E,0xD0,0x53,0x0D,0xEF,0xB1,0xF0,0xAE,0x4C,0x12,0x91,0xCF,0x2D,0x73,
24      0xCA,0x94,0x76,0x28,0xAB,0xF5,0x17,0x49,0x08,0x56,0xB4,0xEA,0x69,0x37,0xD5,0x8B,
25      0x57,0x09,0xEB,0xB5,0x36,0x68,0x8A,0xD4,0x95,0xCB,0x29,0x77,0xF4,0xAA,0x48,0x16,
26      0xE9,0xB7,0x55,0x0B,0x88,0xD6,0x34,0x6A,0x2B,0x75,0x97,0xC9,0x4A,0x14,0xF6,0xA8,
27      0x74,0x2A,0xC8,0x96,0x15,0x4B,0xA9,0xF7,0xB6,0xE8,0x0A,0x54,0xD7,0x89,0x6B,0x35
28   };
29
```

第 11～28 行为计算 CRC 码的查找表 CRCTable,这种方法参考自"岳云峰,等. 单线数字温度传感器 DS18B20 数据校验与纠错. 传感器技术,2002,21(7):52-55"。

```
30   void My18B20Delay( int t)              //等待 t/5 μs
31   {
32      volatile int a;
33      a = t;
34      while(( -- a)> 0);
35   }
36
```

第 31～35 行为延时函数 My18B20Delay,具有一个参数 t,当 STM32F103C8T6 微控制器工作在 72MHz 时钟频率下时,t 取值 5,大约延时 1μs。

```
37   Int08U My18B20Reset(void)
38   {
39      volatile Int08U flag = 1u;
40      GPIOB -> CRL │ = (1uL << 0); GPIOB -> CRL & = ～(7uL << 1);   //PB0 为输出口
41
42      GPIOB -> BSRR =  (1uL << 0);                              //DQ = 1
43      GPIOB -> BRR =  (1uL << 0);                               //DQ = 0
44      My18B20Delay(480 * 5);                                   //延时 480μs
45
46      GPIOB -> CRL & = ～(7uL << 0); GPIOB -> CRL │ = (1uL << 3); //PB0 为输入口
47      My18B20Delay(60 * 5);                                    //延时 60μs
48      flag = ((GPIOB -> IDR) & 0x01);
49
50      My18B20Delay(420 * 5);                                   //延时 420μs
51      return (flag);
52   }
53
```

第 37～52 行为 DS18B20 复位函数 My18B20Reset。第 40 行将 PB0 设为输出口,第 42 行使 PB0 输出高电平。然后,结合图 6-10 可知,PB0 输出 480μs 的低电平(第 43～44 行),接着,将 PB0 设为输入口(第 46 行),等待 60μs(第 47 行),读 PB0 的值(此时应该读出 0),之后,延时 420μs(第 50 行)完成复位。返回 flag 的值为 0 时复位成功,返回 flag 的值为 1 时复位失败。

```
54   void My18B20WrChar( Int08U dat)
55   {
56      volatile Int08U i;
57      GPIOB -> CRL │ = (1uL << 0); GPIOB -> CRL & = ～(7uL << 1);       //PB0 为输出口
58      for( i = 0; i < 8; i++)
59      {
```

```
60          GPIOB - > BSRR  =  (1uL << 0);                           //DQ = 1
61          GPIOB - > BRR  =  (1uL << 0);                            //DQ = 0
62          My18B20Delay(2 * 5);                                     //延时 2μs
63          if((dat & 0x01) == 0x01)
64          {
65              GPIOB - > BSRR  =  (1uL << 0);                       //DQ = 1
66          }
67          else
68          {
69              GPIOB - > BRR  =  (1uL << 0);                        //DQ = 0
70          }
71          My18B20Delay(58 * 5);                                    //延时 58μs
72
73          GPIOB - > BSRR  =  (1uL << 0);                           //DQ = 1
74          dat = dat >> 1;
75      }
76  }
77
```

第 54～76 行为向 DS18B20 写入一字节数据的函数 My18B20WrChar,具有一个参数 dat,表示要写入的字节数据。第 57 行将 PB0 设为输出口。第 58～75 行为循环体,循环 8 次,每次将 dat 字节数据的最低位写入 DS18B20,共写入 8 位即一字节。在每次循环中,结合图 6-12 中"STM32F103 写 DS18B20 的位时序",第 60 行置 PB0 为高电平,然后,第 61 行使 PB0 输出低电平,延时 2μs(第 62 行),如果要输出 1(第 63 行为真),则第 65 行使 PB0 输出高电平;如果要输出 0,则第 69 行使 B0 输出低电平。延时约 58μs(第 71 行),拉高 PB0 (第 73 行),第 74 行使 dat 字节数据右移一位(因为每次循环都写入 dat 数据的最低位)。

```
78  Int08U My18B20RdChar(void)
79  {
80          volatile Int08U i,dat = 0;
81          for (i = 0;i < 8;i++)
82          {
83              GPIOB - > CRL | = (1uL << 0);GPIOB - > CRL & = ~(7uL << 1);   //PB0 为输出口
84              GPIOB - > BSRR  =  (1uL << 0);                               //DQ = 1
85
86              GPIOB - > BRR  =  (1uL << 0);                                //DQ = 0
87              dat >> = 1;
88              My18B20Delay(2 * 5);                                         //延时 2μs
89
90              GPIOB - > CRL & = ~(7uL << 0);GPIOB - > CRL | = (1uL << 3);  //PB0 为输入口
91              My18B20Delay(6 * 5);                                         //延时 6μs
92              if((GPIOB - > IDR & 0x01) == 0x01)
93              {
94                  dat | = 0x80;
95              }
96              else
97              {
98                  dat & = 0x7F;
99              }
100             My18B20Delay(52 * 5);                                        //延时 52μs
101         }
102         return (dat);
103 }
104
```

　　第 78～103 行为从 DS18B20 中读出一字节数据的函数 My18B20RdChar。第 80 行定义变量 i，用作循环变量；定义变量 dat，保存从 DS18B20 中读出的字节数据。第 81～101 行为循环体，循环 8 次，每次循环操作从 DS18B20 中读出一位保存在 dat 的最高位，第 87 行的 dat 右移一位表示去掉无用的最低位。结合图 6-12 中"STM32F103 读 DS18B20 的位时序"，第 83 行将 PB0 设为输出口，并输出高电平（第 84 行），接着，PB0 输出低电平（第 86 行），延时 $2\mu s$（第 88 行）。第 90 行将 PB0 设为输入口，延时 $6\mu s$（第 91 行），第 92 行读 PB0 口，如果读出 1（第 92 行为真），则第 94 行将 dat 的最高位置 1；如果读出 0，则第 98 行将 dat 的最高位清零。然后，延时 $52\mu s$ 后才能进入下一位的读操作（第 100 行）。最后，第 102 行返回读出的字节数据 dat。

```
105   void My18B20Ready(void)
106   {
107     My18B20Reset();
108     My18B20WrChar(0xCC);
109     My18B20WrChar(0x44);
110
111     GPIOB->CRL &= ~(7uL<<0);GPIOB->CRL |= (1uL<<3);   //PB0 为输入口
112     while((GPIOB->IDR & 0x01) == 0);                  //等待,直到温度转换完成
113
114     My18B20Reset();
115     My18B20WrChar(0xCC);
116     My18B20WrChar(0xBE);
117   }
118
```

　　第 105～117 行为 DS18B20 的温度转换就绪函数 My18B20Ready。结合图 6-9 可知，第 107 行复位 DS18B20，第 108 行向 DS18B20 发送 0xCC 指令跳过读 ROM，第 109 行向 DS18B20 发送 0x44 指令启动温度转换，第 111 行将 PB0 设为输入口，DS18B20 温度转换过程中，其 DQ 引脚被锁定为低电平，等到 DQ 输出高电平时表示温度转换完成（第 112 行为真）。然后，再一次复位 DS18B20（第 114 行），再次发送 0xCC 指令跳过读 ROM（第 115 行），发送 0xBE 指令启动读 RAM（第 116 行）。此时，可从 DS18B20 读取温度值。

```
119   Int08U MyGetCRC(Int08U * crcBuff, Int08U crcLen)
120   {
121     volatile Int08U i,crc = 0x0;
122     for(i = 0; i < crcLen; i++)
123       crc = CRCTable[crc ^ crcBuff[i]];
124     return crc;
125   }
126
```

　　第 119～125 行为 CRC 码校验函数 MyGetCRC。将需要校验的数据赋给参数 crcBuff，需要校验的数据长度赋给 crcLen，执行 MyGetCRC 函数将计算 crcBuff 中全部数据的 CRC 码。

```
127   Int16U My18B20ReadT(void)
128   {
129     volatile Int08U i,crc;
130     volatile Int08U my18b20pad[9];
131     volatile Int16U val;
132     volatile Int16U t1,t2;                 //t1: 整数部分, t2: 小数部分
```

```
133
134        My18B20Ready();
135        for(i = 0;i <= 8;i++)
136            my18b20pad[i] = My18B20RdChar();
137
138        crc = MyGetCRC((Int08U * )my18b20pad, sizeof(my18b20pad) - 1);
139        if(crc == my18b20pad[8])               //If CRC OK
140        {
141            t1 = my18b20pad[1] * 16 + my18b20pad[0]/16;
142            t2 = (my18b20pad[0] % 16) * 100/16;
143            val = (t1 << 8) | t2;
144        }
145        else                                    //CRC 校验失败
146            val = 0;
147        return val;
148   }
```

第127~148行为从 DS18B20 中读取温度值的函数 My18B20ReadT,返回值为16位无符号整型,其中高8位为温度的整数部分,低8位为温度的小数部分。第129行定义了变量 i 和 crc,i 用作循环变量,crc 用于保存计算得到的 CRC 码;第130行定义了数组 my18b20pad,长度为9,结合图6-7,该数组用于保存从 DS18B20 中读出的 RAM 的9字节值,其中前2字为温度值。第131行定义了变量 val,保存返回值,第132行定义了变量 t1 和 t2,分别用于保存温度的整数部分和小数部分。第134行调用函数 My18B20Ready 使 DS18B20 完成温度转换;第135~136行读出 DS18B20 中 RAM 的9字节,其中由前8字节计算得到的 CRC 码(保存在 crc 中,第138行)应等于第9字节。如果相等(第139行为真),说明读出的数据是正确的,读出的数据中的前2字节为温度值(其格式如图6-8所示),第141行将温度值的整数部分赋给 t1,第142行将温度值的小数部分赋给 t2。第143行将 t1 和 t2 赋给 val,其中 t1 作为 val 的高8位,t2 作为 val 的低8位。如果 CRC 校验失败,则将 val 清为0(第145~146行)。第147行返回 val 的值,即读出的温度的值。

程序段 6-10　ds18b20.h 文件

```
1     //Filename: ds18b20.h
2
3     # ifndef _DS18B20_H
4     # define _DS18B20_H
5
6     # include "vartypes.h"
7
8     void My18B20Init(void);
9     Int16U My18B20ReadT(void);
10
11    # endif
```

在头文件 ds18b20.h 中声明了 ds18b20.c 中定义的两个函数 My18B20Init 和 My18B20ReadT(ds18b20.c 中的其他函数外部文件没有使用,因此无须在此声明),分别为 DS18B20 初始化函数和从 DS18B20 中读取温度值的函数。

下面两小节将介绍 DS18B20 温度传感器的应用实例,实现的功能为实时读取 DS18B20 的温度值,并在 OLED 屏上动态显示。

视频讲解

6.2.2 寄存器类型工程实例

在工程 PRJ07 的基础上,新建工程 PRJ08,保在目录 D:\STM32F103C8T6REG\PRJ08
下,此时的工程 PRJ08 与工程 PRJ07 完全相同,然后,进行如下的设计工作。

(1) 新建文件 ds18b20.c 和 ds18b20.h,保存在目录 D:\STM32F103C8T6REG\PRJ08\
BSP 下,这两个文件分别列于程序段 6-8 和程序段 6-10 中。

(2) 修改文件 includes.h,如程序段 6-11 所示。

程序段 6-11　文件 includes.h

```
1    //Filename: includes.h
2
3    # include "stm32f10x.h"
4
5    # include "vartypes.h"
6    # include "bsp.h"
7    # include "led.h"
8    # include "key.h"
9    # include "beep.h"
10   # include "tim2.h"
11   # include "oled.h"
12   # include "ds18b20.h"
```

对比程序段 6-4 可知,这里添加了第 12 行,即包括 DS18B20 温度传感器相关的头文件
ds18b20.h。

(3) 修改文件 bsp.c,如程序段 6-12 所示。

程序段 6-12　文件 bsp.c

```
1    //Filename: bsp.c
2
3    # include "includes.h"
4
5    void BSPInit()
6    {
7      LEDInit();
8      BEEPInit();
9      KEYInit();
10     EXTIKeyInit();
11     TIM2Init();
12     I2C1Init();
13     OLEDInit();
14     My18B20Init();
15   }
```

对比程序段 6-5 可知,这里添加了第 14 行,调用函数 My18B20Init 初始化温度传感
器 DS18B20。

(4) 修改文件 main.c,如程序段 6-13 所示。

程序段 6-13　文件 main.c

```
1    //Filename: main.c
2
3    # include "includes.h"
4
```

```
5    void Delay(Int32U);
6    Int16U t;
7    Int08U str[10] = {0};
8
```

第 6 行定义变量 t 用于保存温度值。第 7 行定义字符数组 str,用于保存字符串形式的温度值。

```
9    int main(void)
10   {
11     BSPInit();
12
13     OLEDCLS();
14     OLEDON();
15     OLEDDispHZ(10,2,0);
16     OLEDDispHZ(26,2,1);
17     OLEDDispHZ(42,2,2);
18     OLEDDispHZ(106,2,3);
19
20     while(1)
21     {
22         t = My18B20ReadT();
23         str[0] = (t >> 8) / 10 + '0';
24         str[1] = (t >> 8) % 10 + '0';
25         str[2] = '.';
26         str[3] = (t & 0xFF) / 10 + '0';
27         str[4] = (t & 0xFF) % 10 + '0';
28         str[5] = 0;
29         OLEDDispStr(60,2,str);
30
```

第 22 行调用函数 My18B20ReadT 读取温度值保存在无符号 16 位变量 t 中,t 的高 8 位为温度的整数值,t 的低 8 位为温度的小数值。第 23 行将温度的十位数字转换为字符保存在 str[0] 中;第 24 行将温度的个位数字转换为字符保存在 str[1] 中;第 25 行将字符 "."保存在 str[2] 中;第 26 行将温度的十分位数字转换为字符保存在 str[3] 中;第 27 行将温度的百分位数字转换为字符保存在 str[4] 中;第 28 行将字符串结束标志"\0"(其 ASCII 码值为 0)保存在 str[5] 中。第 29 行在 OLED 屏的第 2 行第 60 列位置上输出字符串 str,即输出温度值。

```
31         LED(1,1);
32         Delay(600);
33         LED(1,0);
34         Delay(600);
35     }
36     return 0;
37   }
38   void Delay(Int32U u)
39   {
40     volatile Int32U i,j;
41     for(i = 0;i < u;i++)
42         for(j = 0;j < 7200;j++);
43   }
```

第 9~37 行为 main 函数,第 31~34 行执行"点亮 LED 灯 D2、延时约 1s、熄灭 LED 灯

D2、延时约 1s"的功能。

（5）将文件 ds18b20.c 添加到工程管理器的 BSP 分组下。建设好的工程 PRJ08 如图 6-13 所示。

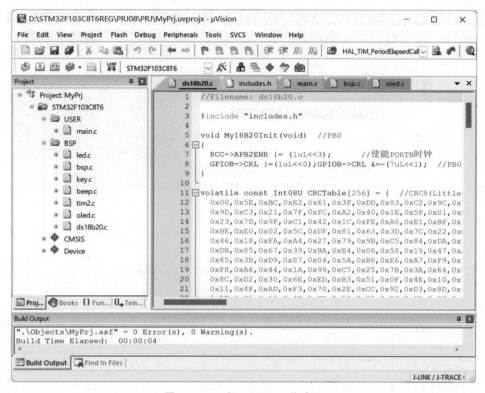

图 6-13　工程 PRJ08 工作窗口

在图 6-13 中，编译链接并运行工程 PRJ08，OLED 屏将实时显示环境温度，典型显示结果如图 6-14 所示。

图 6-14　工程 PRJ08 典型显示结果

6.2.3　HAL 类型工程实例

在工程 HPrj07 的基础上，新建工程 HPrj08，保存在目录 D:\STM32F103C8T6HAL\HPrj08 下，此时的工程 HPrj07 与工程 HPrj08 完全相同，然后，进行下面的设计工作。

视频讲解

（1）在 STM32CubeMX 开发环境中，选择 GPIO，如图 6-15 所示。

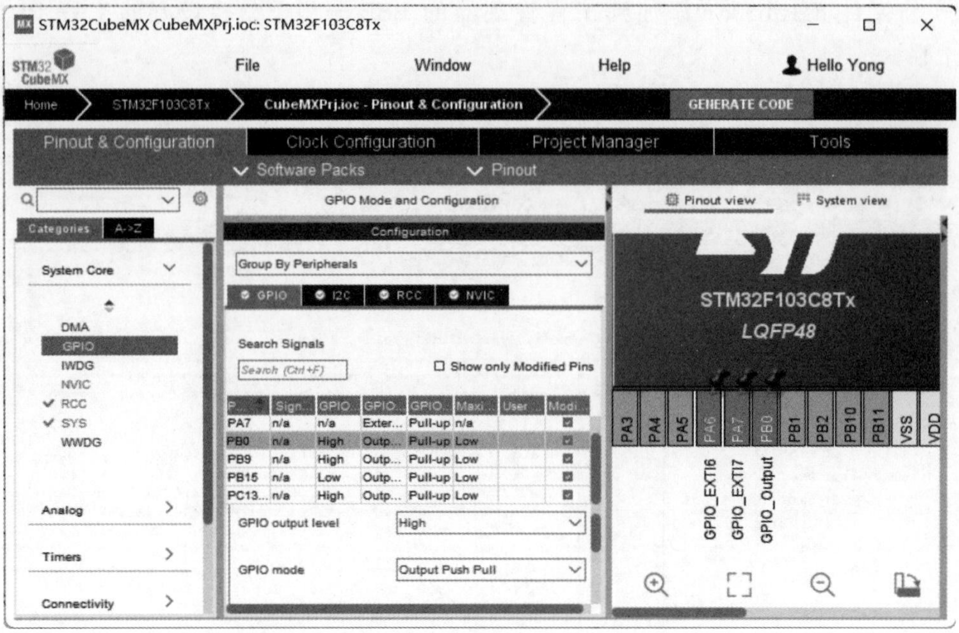

图 6-15　配置 PB0 引脚

在图 6-15 中，配置 PB0 引脚为输出引脚。然后，单击 GENERATE CODE 生成 CubeMXPrj
工程。

（2）在 Keil MDK 开发环境下，新建文件 ds18b20.c 和 ds18b20.h，保存在目录 D:\
STM32F103C8T6HAL\HPrj08\BSP 下，其中，ds18b20.h 文件如程序段 6-10 所示，删除其
中的第 8 行语句；ds18b20.c 文件如程序段 6-9 所示，删除其中的第 5~9 行，即删除
My18B20Init 函数。

（3）修改 includes.h 文件，在其末尾添加一行语句 #include "ds18b20.h"。

（4）修改 mymain.c 文件，如程序段 6-14 所示。

程序段 6-14　文件 mymain.c

```
1    //Filename: mymain.c
2
3    # include "includes.h"
4    void Delay(Int32U u);
5    Int16U t;
6    Int08U str[10] = {0};
7
8    void mymain(void)
9    {
10       TIM2Init();
11       OLEDInit();
12
```

此处省略的第 13~42 行与程序段 6-13 的第 13~42 行完全相同。

```
43   }
```

（5）将文件 ds18b20.c 添加到工程管理器的 App/User/BSP 分组下，完成后的工程

HPrj08 如图 6-16 所示，工程 HPrj08 的执行情况与工程 PRJ08 完全相同。

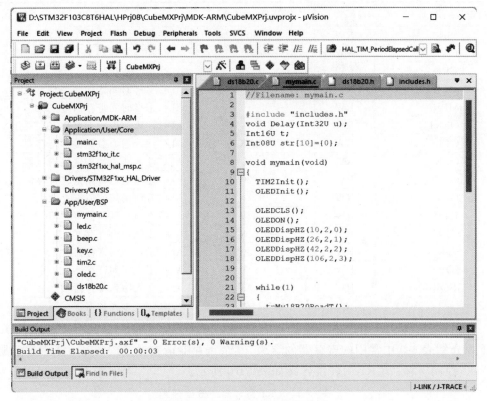

图 6-16　工程 HPrj08 工作窗口

6.3　热敏电阻

结合图 2-2 和图 2-6 可知，通过网标 PA1 将 STM32F103C8T6 的 PA1 口连接到热敏电阻 R19 的分压输出端。在图 2-6 中，R19 为负温度系数 MF5A-3 热敏电阻，常温阻值 10kΩ，温度升高，阻值减小。注意，一般地，由于热敏电阻的温度系数较小，实际中使用专门的温度转换器芯片（如 MAX6682 等）与热敏电阻相连接，并将热敏电阻随温度变化的电压值转换为数字温度信号。这里图 2-6 中将 R19 的分压值（模拟电压信号）送到 STM32F103C8T6 的 ADC 模块，进行模数转换后，得到数字形式的电压值。

6.3.1　ADC 工作原理

STM32F103C8T6 微控制器内置了 2 个 12bit 的 ADC 模块，最高采样速率为 1MSPS，具有常规方式和注入方式等多种工作模式。在 STM32F103C8T6 学习板上，用 10kΩ 热敏电阻串联一个 10kΩ 的电阻器，将两者的分压值送给 STM32F103C8T6 微控制器的 ADC 通道 1 输入端。ADC 通道 1 复用了引脚 PA1，需要将 PA1 配置为 ADC12_IN1 功能（见表 1-1 序号 2）。ADC 模块时钟频率最大可为 14MHz，ADC 模块时钟来自 APB2 总线（即 PCLK2，36MHz），需配置时钟配置寄存器 RCC_CFGR 的第[15:14]位域为 01b，表示对 PCLK2 四分频后的 9MHz 时钟信号供给 ADC 模块。与 ADC 模块相关的寄存器列于表 6-9 中。

表 6-9　与 ADC 模块相关的寄存器(ADC1 基地址：0x4001 2400；ADC2 基地址：0x4001 2800)

寄存器名	属性	偏移地址	含　义
SR	RW	0x00	ADC 状态寄存器
CR1	RW	0x04	ADC 控制寄存器 1
CR2	RW	0x08	ADC 控制寄存器 2
SMPR1	RW	0x0C	ADC 采样时间寄存器 1
SMPR2	RW	0x10	ADC 采样时间寄存器 2
JOFR1	RW	0x14	ADC 注入通道数据偏移寄存器 1
JOFR2	RW	0x18	ADC 注入通道数据偏移寄存器 2
JOFR3	RW	0x1C	ADC 注入通道数据偏移寄存器 3
JOFR4	RW	0x20	ADC 注入通道数据偏移寄存器 4
HTR	RW	0x24	ADC 看门狗高阈值寄存器
LTR	RW	0x28	ADC 看门狗低阈值寄存器
SQR1	RW	0x2C	ADC 正常序列寄存器 1
SQR2	RW	0x30	ADC 正常序列寄存器 2
SQR3	RW	0x34	ADC 正常序列寄存器 3
JSQR	RW	0x38	ADC 注入序列寄存器
JDRx($x=1,2,3,4$)	RO	0x3C～0x48	ADC 注入方式数据寄存器
DR	RO	0x4C	ADC 正常方式数据寄存器

下面介绍表 6-9 中常用的寄存器的含义，其余寄存器请参考 STM32F103 用户手册。

ADC 控制寄存器 CR1 的各位含义如表 6-10 所示。

表 6-10　CR1 寄存器的各位含义

寄存器位	符　号	含　义
31:24	Reserved	保留
23	AWDEN	模拟看门狗监测常规通道使能位。软件置 1 表示使能，清零表示关闭
22	JAWDEN	模拟看门狗监测注入通道使能位。软件置 1 表示使能，清零表示关闭
21:20	Reserved	保留
19:16	DUALMOD[3:0]	双组模式选择位域。可设为 0000～1001b，依次表示独立模式、常规同步＋注入同步组合模式、常规同步＋交替触发组合模式、注入同步＋快速交替组合模式、注入同步＋慢速交替组合模式、注入同步模式、常规同步模式、快速交替模式、慢速交替模式、交替触发模式
15:13	DISCNUM[2:0]	非连续转换模式通道数。可设为 000～111b，依次表示 1～8 个通道
12	JDISCEN	工作在非连续转换模式下的注入通道使能位，设为 0 表示关闭；设为 1 表示使能
11	DISCEN	工作在非连续转换模式下的常规通道使能位，设为 0 表示关闭；设为 1 表示使能
10	JAUTO	自动注入组转换使能位，设为 0 表示关闭，设为 1 表示使能
9	AWDSGL	在扫描模式下看门狗监测单通道使能位，设为 0 表示监测所有通道；设为 1 表示监测单通道

续表

寄存器位	符　号	含　义
8	SCAN	扫描模式使能位,设为 0 表示关闭;设为 1 表示使能
7	JEOCIE	注入通道中断使能位,设为 0 表示关闭;设为 1 表示使能
6	AWDIE	模拟看门狗中断使能位,设为 0 表示关闭;设为 1 表示使能
5	EOCIE	EOC(转换完成)中断使能位,设为 0 表示关闭;设为 1 表示使能
4:0	AWDCH[4:0]	模拟看门狗通道选择位域。可设为 00000～01001,依次表示 ADC_IN0～ADC_IN9

ADC 控制寄存器 CR2 的各位含义如表 6-11 所示。

表 6-11　CR2 寄存器的各位含义

寄存器位	符　号	含　义
31:24	Reserved	保留
23	TSVREFE	内部温度传感器和参考电压使能位,设为 0 关闭;设为 1 使能
22	SWSTART	常规通道开始转换使能位,设为 0 复位;设为 1 启动常规通道转换
21	JSWSTART	注入通道开始转换使能位,设为 0 复位;设为 1 启动注入通道转换
20	EXTTRIG	常规通道外部触发启动转换使能位,设为 0 关闭;设为 1 使能
19:17	EXTSEL[2:0]	常规组外部事件选择位域,可取 000～111b,对于 ADC1 和 ADC2 依次表示选择外部事件:定时器 1 的 CC1 事件、CC2 事件、CC3 事件,定时器 2 的 CC2 事件,定时器 3 的 TRGO 事件,定时器 4 的 CC4 事件,外部中断 11,SWSTART 事件
16	Reserved	保留
15	JEXTTRIG	注入通道外部触发启动转换使能位,设为 0 表示关闭;设为 1 表示使能
14:12	JEXTSEL[2:0]	注入组外部事件选择位域,可取 000～111b,对于 ADC1 和 ADC2 依次表示选择外部事件:定时器 1 的 TRGO 事件、CC4 事件,定时器 2 的 TRGO 事件、CC1 事件,定时器 3 的 CC4 事件,定时器 4 的 TRGO 事件,外部中断 15,SWSTART 事件
11	ALIGN	数据存储方式位,设为 0 表示右对齐(默认方式),即 ADC 转换得到的 12 位保存在 16 位长的寄存器的低 12 位;设为 1 表示左对齐
10:9	Reserved	保留
8	DMA	直接内存访问模式使能位,设为 0 表示关闭;设为 1 表示使能
7:4	Reserved	保留
3	RSTCAL	复位校正位,软件方式置 1,硬件方式清零。硬件清零后表示校正完成;软件置 1 表示初始化校正
2	CAL	ADC 校正位,软件方式置 1,硬件方式清零。软件置 1 表示启动校正;校正完成后硬件自动清零
1	CONT	连续转换模式使能位,设为 0 表示单次转换模式;设为 1 表示连续转换模式
0	ADON	ADC 启动位,设为 0 关闭 ADC;设为 1,启动 ADC,如果该位原来为 1,再次设为 1 将启动一次 ADC 转换

ADC 状态寄存器 SR 的各位含义如表 6-12 所示。

表 6-12　SR 寄存器的各位含义

寄存器位	符　号	含　义
31:5	Reserved	保留
4	STRT	常规通道启动标志位。为 0 表示无常规通道转换开始；为 1 表示常规通道转换开始。只读，硬件置位
3	JSTRT	注入通道启动标志位。为 0 表示无注入组转换开始；为 1 表示注入组转换开始。只读，硬件置位
2	JEOC	注入通道转换结束标志位。为 0 表示注入通道转换没有完成；为 1 表示已转换完成。只读，硬件置位
1	EOC	转换结束标志位。为 0 表示转换没有完成；为 1 表示已转换完成。只读，硬件置位
0	AWD	模拟看门狗标志位。为 0 表示无模拟看门狗事件发生；为 1 表示已发生模拟看门狗事件

ADC 常规数据寄存器 DR 的偏移地址为 0x4C，是一个 32 位的只读寄存器，高 16 位仅用于双组转换模式下，用于保存 ADC2 的 16 位转换结果（默认仅右边 12 位有效）；低 16 位用于保存常规通道的 ADC 转换结果（默认为低 12 位有效）。

6.3.2　寄存器类型工程实例

视频讲解

在工程 PRJ08 的基础上新建工程 PRJ09，保存在 D:\STM32F103C8T6REG\PRJ09 目录下，此时的工程 PRJ09 与 PRJ08 完全相同。然后，进行如下的设计工作。

（1）新建文件 adc.c 和 adc.h，保存在目录 D:\STM32F103C8T6REG\PRJ09\BSP 下，文件 adc.c 和 adc.h 分别如程序段 6-15 和程序段 6-16 所示。

程序段 6-15　文件 adc.c

```
1     //Filename:adc.c
2
3     # include "includes.h"
4
5     volatile Int32U myadcv;
6
```

第 5 行定义全局变量 myadcv，用于保存 ADC1 变换后的电压值。

```
7     void MyADCInit(void)                        //PA1 用作模拟输入
8     {
9         RCC -> APB2ENR |= (1uL << 9) | (1uL << 2) | (1uL << 0);   //使能 ADC1,PA,AFIO 时钟
10        GPIOA -> CRL &= ~(0xF << 4);            //PA1 配置为模拟输入口
11
12        RCC -> CFGR |= (1uL << 14);
13        RCC -> CFGR &= ~(1uL << 15);            //CFGR[15:14] = 01b, PCLK2/4 = 9MHz
14        ADC1 -> CR1   &= ~(1uL << 8);           //SCAN = 0 关闭扫描模式
15        ADC1 -> CR2   &= ~(1uL << 1);           //CONT = 0 单次转换模式
16
17        ADC1 -> CR1 |= (1u << 5);               //EOC 中断模式
18        NVIC_ClearPendingIRQ(ADC1_2_IRQn);
19        NVIC_EnableIRQ(ADC1_2_IRQn);
20
```

```
21      ADC1 -> CR2 | = (1u << 0);                    //打开 ADC1
22   }
23
```

第 7～22 行为模数转换器初始化函数 MyADCInit。第 9 行为 ADC1 模块、PA 口和 AFIO 模块提供工作时钟；第 10 行将 PA1 配置为模拟输入口。第 12、13 行配置 ADC1 模块的工作时钟频率为 9MHz；第 14 行配置 ADC1 工作在单通道模式下；第 15 行配置 ADC1 工作在单次转换模式下。第 17 行开放 ADC1 中断信号，当 ADC1 转换完成后触发 ADC 中断；第 18 行清除 ADC1 在 NVIC 中断管理器中的中断标志位；第 19 行开放 NVIC 中断管理器中的 ADC1 中断。第 21 行使 ADC1 处于工作状态。

```
24   void MyADCStart(void)
25   {
26      ADC1 -> CR2 | = (1u << 0);                    //启动 ADC
27   }
28
```

第 24～27 行为启动 ADC 进行模数转换的函数 MyADCStart。第 26 行启动 ADC1 进行模数转换。

```
29   void MyADCValDisp(void)
30   {
31      volatile Int08U d = 0;
32      volatile Int32U t;
33      volatile Int08U str1[10];
34      t = myadcv & 0x0FFF;
35      str1[0] = 0 + '0';
36      str1[1] = 'x';
37      d = (t >> 8) & 0xF;
38      if(d < 10)
39          str1[2] = d + '0';
40      else
41          str1[2] = d + 'A' - 10;
42      d = (t >> 4) & 0xF;
43      if(d < 10)
44          str1[3] = d + '0';
45      else
46          str1[3] = d + 'A' - 10;
47      d = t & 0xF;
48      if(d < 10)
49          str1[4] = d + '0';
50      else
51          str1[4] = d + 'A' - 10;
52      str1[5] = 0;
53
54      OLEDDispStr(10,5,(Int08U * )str1);
55   }
56
```

第 29～55 行的函数 MyADCValDisp 用于在 OLED 屏上输出 ADC 转换结果 myadcv。第 31 行定义无符号 8 位整型变量 d。第 32 行定义变量 t，用于保存 ADC 转换后的电压值，由于 STM32F103C8T6 内部 ADC1 字长为 12 位且使用右对齐模式存储，所以 myadcv 的第 [11:0] 位域中保存了数字形式电压值，故第 34 行将 myadcv 中的电压值分离出来赋给变量 t。

第 33 行定义字符数组 str,str[0]保存了字符"0"(第 35 行),str[1]保存了字符"x"(第 36 行),str[2]~strp[4]保存十六进制格式的温度值,例如,若温度值为 7A9,则 str[2]保存了字符"7",str[3]保存了字符"A",str[4]保存了字符"9"(第 37~51 行)。str[5]保存了字符串结束标志(第 52 行)。第 54 行调用 OLEDDispStr 在 OLED 屏的第 5 行第 10 列位置输出温度值,形如 0x76D。

```
57    void ADC1_2_IRQHandler(void)              //ADC1 中断服务函数
58    {
59      NVIC_ClearPendingIRQ(ADC1_2_IRQn);
60      if((ADC1 -> SR & (1u << 1)) == (1u << 1))  //ADC1 转换完成,触发中断
61      {
62          myadcv = ADC1 -> DR;
63          MyADCValDisp();
64      }
65    }
```

当 ADC1 完成一次模数转换后,将触发 ADC1 中断,进入第 57~65 行的中断服务程序 ADC1_2_IRQHandler。第 59 行清除 NVIC 中的 ADC1 中断标志;第 60 行判断 ADC1 是否转换完成,如果为真,表示 ADC1 已完成模数转换,则第 62 行读出转换结果,然后,第 63 行调用 MyADCValDisp 函数在 OLED 屏上显示转换结果(即模数转换器输出的数值)。

程序段 6-16　文件 adc.h

```
1     //Filename:adc.h
2
3     # ifndef _MYADC_H
4     # define _MYADC_H
5
6     void MyADCInit(void);
7     void MyADCStart(void);
8     void MyADCValDisp(void);
9
10    # endif
```

在文件 adc.h 中,声明了文件 adc.c 中定义的 3 个函数,即 ADC 初始化函数 MyADCInit、ADC 启动转换函数 MyADCStart 和 ADC 转换值显示函数 MyADCValDisp。

(2) 修改文件 includes.h,如程序段 6-17 所示。

程序段 6-17　文件 includes.h

```
1     //Filename: includes.h
2
3     # include "stm32f10x.h"
4
5     # include "vartypes.h"
6     # include "bsp.h"
7     # include "led.h"
8     # include "key.h"
9     # include "beep.h"
10    # include "tim2.h"
11    # include "oled.h"
12    # include "ds18b20.h"
13    # include "adc.h"
```

对比程序段 6-11,这里添加了第 13 行,即包括与 ADC1 模数转换器相关的头文件 adc.h。

（3）修改文件 bsp.c，如程序段 6-18 所示。

程序段 6-18　文件 bsp.c

```
1    //Filename: bsp.c
2
3    # include "includes.h"
4
5    void BSPInit()
6    {
7      LEDInit();
8      BEEPInit();
9      KEYInit();
10     EXTIKeyInit();
11     TIM2Init();
12     I2C1Init();
13     OLEDInit();
14     My18B20Init();
15     MyADCInit();
16   }
```

对比程序段 6-12 可知，这里添加了第 15 行，调用函数 MyADCInit 初始化 ADC1 模数转换器。

（4）修改文件 key.c，如程序段 6-19 所示。

程序段 6-19　文件 key.c

```
1    //Filename: key.c
2
3    # include "includes.h"
```

此处省略的第 4～23 行与程序段 4-7 中的第 4～23 行相同。

```
24   void EXTI9_5_IRQHandler()
25   {
26     if((EXTI -> PR & (1uL << 6)) == (1uL << 6))   //PA6 对应 S3 按键
27     {
28        BEEP(1);
29        EXTI -> PR = (1uL << 6);
30     }
31     if((EXTI -> PR & (1uL << 7)) == (1uL << 7))   //PA7 对应 S4 按键
32     {
33        BEEP(0);
34        MyADCStart();
35        EXTI -> PR = (1uL << 7);
36     }
37
38     NVIC_ClearPendingIRQ(EXTI9_5_IRQn);
39   }
```

第 24～39 行为外部中断 EXTI9_5 的中断服务函数，函数名必须为 EXTI9_5_IRQHandler。当按键 S3 被按下后，将触发 EXTI6 中断（第 26 行为真），执行第 27～30 行，即打开蜂鸣器（第 28 行），清除 EXTI6 中断标志位（第 29 行）。当按键 S4 被按下后，将触发 EXTI7 中断（第 31 行为真），执行第 32～36 行，即关闭蜂鸣器（第 33 行），启动 ADC1 模数转换（第 34 行），清除 EXTI7 中断标志位（第 35 行）。第 38 行清除 NVIC 寄存器中 EXTI9_5 中断对应的标志位。

（5）将文件 adc.c 添加到工程管理器的 BSP 分组下，建设好的工程 PRJ09 如图 6-17 所示。

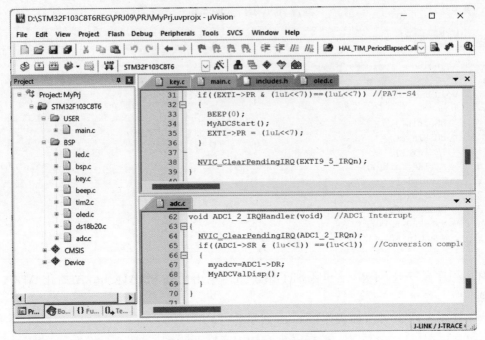

图 6-17　工程 PRJ09 工作窗口

　　工程 PRJ09 实现的功能框图如图 6-18 所示，图 6-18 只展示了工程 PRJ09 在工程 PRJ08 基础上新添加的功能。在用户按键 S4 的中断服务函数 EXTI9_5_IRQHandler 中，添加了 MyADCStart 函数，当按键 S4 被按下时，将启动 STM32F103C8T6 微控制器的 ADC1 转换，当模数转换完成后，自动触发 ADC1 中断服务程序 ADC1_2_IRQHandler，在其中读取模拟电压的数字信号量，保存在 myadcv 全局变量中，并进一步调用 MyADCValDisp 函数将数字电压显示在 OLED 屏上，其转换结果显示如图 6-19 所示。

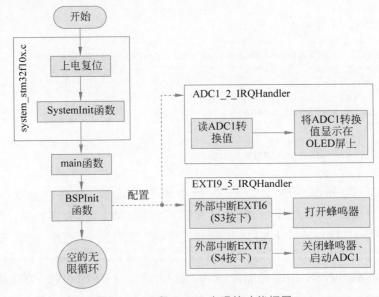

图 6-18　工程 PRJ09 实现的功能框图

图 6-19　ADC 转换结果显示

6.3.3　HAL 类型工程实例

视频讲解

在工程 HPrj08 的基础上新建工程 HPrj09,保存在 D:\STM32F103C8T6HAL\HPrj09
目录下,此时的工程 HPrj09 与 HPrj08 完全相同。然后,进行如下工作。

(1) 在 STM32CubeMX 开发环境下选中 ADC1,如图 6-20 所示。

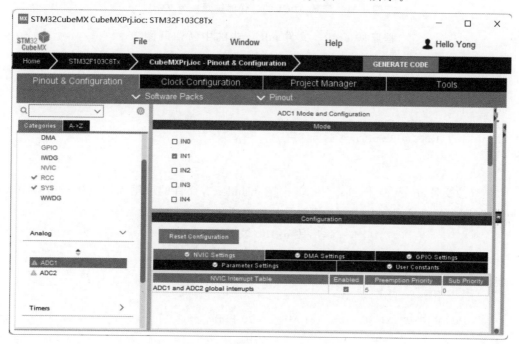

图 6-20　配置 ADC1 通道 IN1

在图 6-20 中,选中 IN1,并配置 ADC1 and ADC2 global interrupts 有效。然后,在图 6-21
中,配置 ADC1 的工作时钟频率为 9MHz。

在图 6-21 中,单击 GENERATE CODE 生成 CubeMXPrj 工程。

(2) 在 Keil MDK 开发环境中,添加新文件 adc.h 和 adc.c,其中文件 adc.h 如程序段 6-16
所示,文件 adc.c 如程序段 6-21 所示,将其中第 57～65 行的中断函数 ADC1_2_
IRQHandler 更换为 ADC1 的中断回调函数,如程序段 6-20 所示。

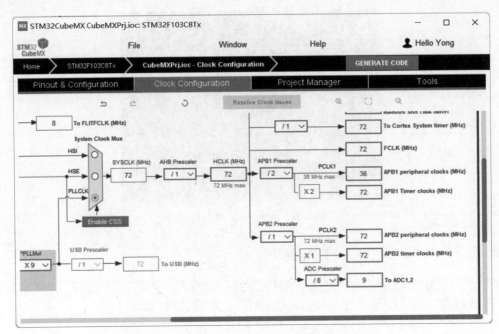

图 6-21 配置 ADC1 的工作时钟频率为 9MHz

程序段 6-20 文件 adc.c 中的中断回调函数

```
57   void HAL_ADC_ConvCpltCallback(ADC_HandleTypeDef * hadc)
58   {
59     if((ADC1 -> SR & (1u << 1)) == (1u << 1)) //转换完成
60     {
61        myadcv = ADC1 -> DR;
62        MyADCValDisp();
63     }
64   }
```

（3）修改文件 includes.h 和 key.c，其中在 includes.h 文件的末尾添加一行语句"#include "adc.h""，即包括头文件 adc.h；文件 key.c 如程序段 6-21 所示。

程序段 6-21 文件 key.c

```
1    //Filename: key.c
2
3    # include "includes.h"
4
5    void HAL_GPIO_EXTI_Callback(uint16_t GPIO_Pin)
6    {
7      if(GPIO_Pin == GPIO_PIN_6) //PA6 -- S3
8      {
9         BEEP(1);
10     }
11     if(GPIO_Pin == GPIO_PIN_7) //PA7 -- S4
12     {
13        BEEP(0);
14        MyADCStart();
15     }
16   }
```

这里,当按下按键 S4 时,第 14 行启动 ADC1 转换。

(4) 修改 mymain.c 文件,如程序段 6-22 所示。

程序段 6-22　文件 mymain.c

```
1    //Filename: mymain.c
2
3    # include "includes.h"
4
5    void Delay(Int32U u);
6    Int16U t;
7    Int08U str[10] = {0};
8
9    void mymain(void)
10   {
11     TIM2Init();
12     OLEDInit();
13     MyADCInit();
14
```

此处省略的第 15~44 行与程序段 6-14 的第 13~42 行相同。

```
45   }
```

在 mymain 函数中,第 13 行调用函数 MyADCInit 初始化 ADC1 模块。

(5) 将文件 adc.c 添加到工程管理器的 App/User/BSP 分组下,完成后的工程 HPrj09 如图 6-22 所示,编译链接并运行工程 HPrj09,其运行结果与工程 PRJ09 相同。

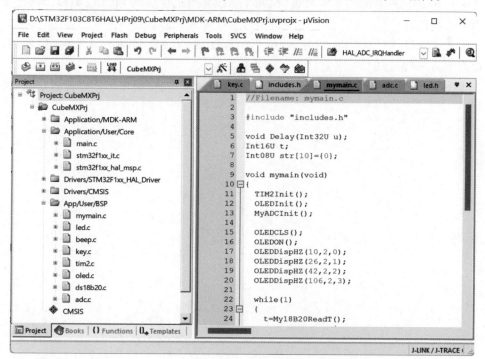

图 6-22　工程 HPrj09 工作窗口

🔲 6.4　本章小结　◆

本章详细介绍了 STM32F103C8T6 驱动 OLED 显示屏的工作原理与程序设计方法,并介绍了温度传感器 DS18B20、热敏电阻和模数转换器 ADC 的访问方法。在实际项目中,应用热敏电阻时需要借助 MAX6682 热敏电阻驱动芯片将热敏电阻的电压值转换为数字温度值。针对 OLED 屏,本章详细展示了英文字符串和汉字的显示技术,OLED 屏显示英文字符和汉字的原理相同,均借助其点阵结构显示,这种方法同样适用于图像显示。OLED 屏是一种重要的输出设备,建议在本章学习的基础上,设计一些在 OLED 屏上画点、画线、画矩形和画圆周的实用绘图函数,编写一些支持图像格式 BMP、GIF 和 JPEG 的图像显示函数。

🔲 习题　◆

1. 简要回答 OLED 显示模块由哪几部分组成。

2. 简要说明 OLED 显示器的工作原理。

3. 结合图 6-7 说明 DS18B20 温度传感器的数据访问方法。

4. 基于 STM32F103C8T6 学习板,编写寄存器类型工程实现 OLED 屏显示温度信息实验,使用英文界面。

5. 基于 STM32F103C8T6 学习板,编写 HAL 类型工程实现 OLED 屏显示温度信息实验,使用中文界面。

6. 基于 STM32F103C8T6 学习板,编写工程实现 OLED 屏动态显示信息,例如,滚动显示"欢迎加入 STM32F103 之家!"

7. 结合按键和 OLED 屏,编写工程实现简单的秒表实验(要求:具有设置启动、停止计数等功能)。

第7章 串口通信与Wi-Fi模块

STM32F103C8T6 微控制器具有 3 个串口（USART1～USART3），均为带有同步串行通信能力的同步异步串行口。本章将以 STM32F103C8T6 微控制器的 USART1、USART2 为例，介绍其片内串口外设的工作原理。在 STM32F103C8T6 学习板上，USART1 与 RS485 串行通信口相连接，USART2 与 Wi-Fi 模块相连接。本章将借助实例详细介绍串口通信程序设计方法，包括串口发送数据和基于串口接收中断服务函数接收数据的方法、RS485 总线通信方法、串口与 Wi-Fi 模块通信方法等。

本章的学习目标：

- 了解 RS485 异步半双工串行通信的特点；
- 熟悉 STM32F103 串口结构与寄存器配置；
- 掌握 STM32F103 串口通信寄存器类型和 HAL 类型程序设计方法。

7.1 RS232 串口通信工作原理

串口通信是指数据的各位按串行的方式沿一根总线进行的通信方式，RS232 标准的 UART 串口通信是典型的异步双工串行通信，通信方式如图 7-1 所示。

UART 串口通信需要两个引脚，即 TXD 和 RXD，TXD 为串口数据发送端，RXD 为串口数据接收端。STM32F103 微控制器的串口与计算机的串口按图 7-1 的方式相连，串行数据传输没有同步时钟，需要双方按相同的位传输速率异步传输，这个速率称为波特率，常用的波特率有 4800bps、9600bps 和 115200bps 等。UART 串口通信的数据包以帧为单位，常用的帧结构为 1 位起始位＋8 位数据位＋1 位奇偶校验位（可选）＋1 位停止位，如图 7-2 所示。

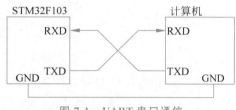

图 7-1 UART 串口通信

图 7-2 串口通信数据格式

奇偶校验方式分为奇校验和偶校验两种,是一种简单的数据误码检验方法,奇校验为每帧数据中,包括数据位和奇偶校验位在内的全部 9 个位中"1"的个数必须为奇数;偶校验为每帧数据中,包括数据位和奇偶校验位在内的全部 9 个位中,"1"的个数必须为偶数。例如,发送数据"00110101b",采用奇校验时,奇偶校验位必须为 1,这样才能满足奇校验条件。如果对方收到数据位和奇偶校验位后,发现"1"的个数为奇数,则认为数据传输正确;否则认为数据传输出现误码。

7.2 STM32F103 串口

STM32F103C8T6 微控制器共有 3 个串口(USART1～USART3),均为带同步串行通信功能的通用同步异步串行口。这里以 USART2 工作在标准的异步串行通信方式下为例,介绍 STM32F103C8T6 微控制器的串口工作原理。

USART2 串口的结构如图 7-3 所示(注:3 个串口的结构相同)。

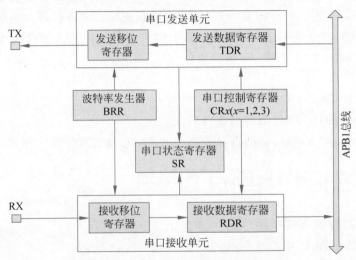

图 7-3　USART2 串口的结构

由图 7-3 可知,串口 USART2 是 APB1 总线上的外设单元,通过波特率寄存器 USART_BRR 和串口控制寄存器 USART_CRx(x=1,2,3)配置串口的波特率和工作模式,向发送数据寄存器 TDR 写入数据,可按设定的波特率实现数据的发送,串口接收到的数据被保存在接收数据寄存器 RDR 中,APB1 总线读 RDR 寄存器可读到串口接收的数据。串口的数据发送和接收状态保存在串口状态寄存器中,一般地,串口发送数据通过写 TDR 寄存器实现,而串口接收数据通过串口中断实现。

串口 USART2 的基地址为 0x4000 4400,其各个寄存器的情况如下所述。

1) 串口数据寄存器 USART_DR(偏移地址为 0x04)

32 位的串口数据寄存器 USART_DR 只有第[8:0]位有效,用于发送串口数据时记为 TDR,用于接收串口数据时记为 RDR,TDR 和 RDR 是映射到同一个地址的两个物理寄存器,通过读、写指令来区分使用了哪个寄存器,即读 USART_DR 时自动识别为 RDR,写 USART_DR 时自动识别为 TDR。

2）波特率寄存器 USART_BRR（偏移地址为 0x08，复位值为 0x0）

32 位的波特率寄存器 USART_BRR 只有第[15:0]位有效，其中，第[15:4]位记为 DIV_Mantissa[11:0]，第[3:0]位记为 DIV_Fraction[3:0]。波特率的计算公式为：波特率 ＝ fck／（16×USART_DIV），而 USART_DIV ＝ DIV_Mantissa ＋ DIV_Fraction/16，对于 USART2 而言，fck ＝ PCLK1 ＝ 36MHz。如果波特率设为 9600bps，则可配置 DIV_Mantissa＝234，DIV_Fraction＝6；如果波特率设为 115200bps，则可配置 DIV_Mantissa＝19，DIV_Fraction＝8，实际波特率为 115384bps，误差为 0.15%（可接收范围内）。

3）串口状态寄存器 USART_SR（偏移地址为 0x0，复位值为 0xC0）

32 位的串口状态寄存器 USART_SR 只有第[9:0]位有效，如表 7-1 所示。

表 7-1　串口状态寄存器 USART_SR

位　号	名　称	属　性	含　义
31:10			保留
9	CTS	可读/可写	CTS 标志位。当 nCTS 输入跳变时，硬件置位，写入 0 清零
8	LBD	可读/可写	LIN 中止检测标志位。LIN 中止发生后硬件置位，写入 0 清零
7	TXE	只读	发送数据寄存器空标志位。TDR 内容传给移位寄存器时硬件置 1，写 DR 寄存器清零
6	TC	可读/可写	发送完成标志位。发送完成硬件置 1，写入 0 清零（写 DR＋读 SR 也可清零）
5	RXNE	可读/可写	接收数据没有就绪标志位。接收数据准备好时硬件置 1，读 DR 或写 0 均可清零
4	IDLE	只读	空闲线路检测标志位。空闲时自动置 1，读 DR＋读 SR 可清零
3	ORE	只读	溢出错误标志位。接收溢出时硬件置 1，读 DR＋读 SR 清零
2	NE	只读	噪声错误标志位。接收的位在采样时出现噪声则硬件置 1，读 DR＋读 SR 可清零
1	FE	只读	帧错误标志位。帧错误发生时硬件置 1，读 DR＋读 SR 可清零该位
0	PE	只读	校验错误标志位。接收的数据校验错误时硬件置 1，读 DR＋读 SR 可清零该位

表 7-1 中的"读 DR＋读 SR"或"写 DR＋读 SR"是指连续性的两个操作，即"读 DR"或"写 DR"后，立即进行读 SR 的操作。

4）串口控制寄存器 USART_CR1（偏移地址为 0x0C，复位值为 0x0）

32 位的串口控制寄存器 USART_CR1 只有第[13:0]位有效，如表 7-2 所示。

表 7-2　串口控制寄存器 USART_CR1

位　号	名　称	属　性	含　义
31:14			保留
13	UE	可读/可写	USART 有效位。写入 1 开启 USART，写入 0 关闭
12	M	可读/可写	字长位。为 0 表示 8 位数据位；为 1 表示 9 位数据位

续表

位　号	名　称	属　性	含　义
11	WAKE	可读/可写	USART 唤醒方式位。为 0 表示空闲位唤醒；为 1 表示最后有效数据位唤醒
10	PCE	可读/可写	校验控制位。为 0 表示无校验；为 1 表示有校验
9	PS	可读/可写	校验选择位。为 0 表示偶校验；为 1 表示奇校验
8	PEIE	可读/可写	PE 中断有效位。为 1 表示校验位出错触发中断，为 0 表示不触发
7	TXEIE	可读/可写	TXE 中断有效位。为 1 表示发送数据进入移位寄存器后触发中断，为 0 表示不触发
6	TCIE	可读/可写	发送完成中断有效位。为 1 表示发送数据完成后触发中断，为 0 表示不触发
5	RXNEIE	可读/可写	RXNE 中断有效位。为 1 表示接收数据就绪或溢出时触发中断，为 0 表示不触发
4	IDLEIE	可读/可写	空闲中断有效位。为 1 表示空闲将触发中断，为 0 表示不触发
3	TE	可读/可写	发送有效位。为 0 表示关闭发送单元；为 1 表示开启发送单元
2	RE	可读/可写	接收有效位。为 0 表示关闭接收单元；为 1 表示开启接收单元
1	RWU	可读/可写	接收唤醒位。为 0 表示接收处于活跃模式下；为 1 表示处于静默模式下
0	SBK	可读/可写	发送中止符位。为 1 表示中止符将被发送，为 0 表示不发送中止符

由表 7-2 可知，STM32F103C8T6 微控制器串口的发送和接收单元是相对独立的，可以单独关闭或启动它们（表 7-2 中 TE 和 RE 位）。此外，串口还有两个控制寄存器 USART_CR2 和 USART_CR3，主要用于同步串行控制和流控制，这里不做详细介绍，可参考 STM32F103 用户手册第 27 章。其中，USART_CR2 的第[13:12]位称为 STOP 位，为 00b 表示 1 位停止位，为 01b 表示 0.5 位停止位，为 10b 表示 2 位停止位，为 11b 表示 1.5 位停止位。默认值为 00b，即 1 位停止位。

综上所述，可知串口的操作主要有如下 3 种。

1）串口初始化

串口初始化包括 3 个主要的操作，即配置串口通信的波特率、设置串口数据帧的格式及开启串口接收中断等。对于 STM32F103C8T6，还应通过寄存器 USART_CR1 打开接收单元和发送单元。

2）发送数据

串口发送数据一般通过函数调用实现，发送数据前应先判断前一个发送的数据是否发送完成，即判断 USART_SR 寄存器的 TC 位是否为 1，如果为 1 表示前一个数据发送完成，则可以启动本次数据发送。发送数据只需要将待发送的数据写入串口数据寄存器 USART_DR 中，发送单元会按拟定的波特率将数据串行发送出去。

3）接收数据

串口接收数据一般通过串口接收中断实现，需要开启串口接收中断，当接收到新的数据就绪时,在串口中断服务函数中读取串口接收到的数据。

7.3 RS485 串行通信

7.3.1 RS485 串行通信方法

RS232 串行标准(含协议)的通信距离最长只有 30m,为了实现远距离串行通信,电子工业协会(EIA)在 1983 年提出了 RS485 串行通信接口标准,可实现长达 1200m 的串行通信。与 RS232 可以实现全双工通信方式不同的是,RS485 采用差分信号传输,在发送信号时无法接收信号,而在接收信号时也无法发送信号,所以,RS485 是半双工通信模式;更重要的是,RS485 仅是一种电气连接标准,不包含数据通信协议。用户使用 RS485 串口必须自定义数据通信协议,事实上,一些串行通信协议均可以应用于 RS485 串口上,例如,工业串行通信标准 Modbus 协议等,事实上,该协议的诞生日期比 RS485 更早。此外,也可使用 RS232 的通信协议(如图 7-2 所示),进行 RS485 通信。

由第 2 章图 2-2 和图 2-7 可知,STM32F103C8T6 微控制器与 SP3485 芯片的连接关系如表 7-3 所示。

表 7-3　STM32F103C8T6 微控制器与 SP3485 芯片的连接方式

序号	SP3486 引脚名称	网络标号	STM32F103C8T6 引脚名称	含　义
1	RO	RS485_RX	PA10	RS485 数据输出端
2	DI	RS485_TX	PA8	RS485 数据输入端
3	RE、DE(短接在一起)	RS485_RE	PA11	为高电平时,SP3485 处于发送状态;为低电平时,SP3485 处于接收状态

RS485 是半双工通信模式,由表 7-3 可知,当 PA11 为高电平时,STM32F103C8T6 微控制器通过 SP3485 向外发送数据;当 PA11 为低电平时,STM32F103C8T6 微控制器通过 SP3485 接收外部发送来的数据。

在第 2 章图 2-7 中,SP3485 具有 A、B 两个引脚,这两个引脚构成差分信号,当 A 与 B 的电压差范围为 +2～+6V(典型值在 3.2V 左右)时,为逻辑"1";当 A 与 B 间的电压差为范围 −6～ −2V(典型值为 −3.2V 左右)时,为逻辑"0"。一般地,在 A 与 B 间应并联一个 120Ω 的电阻。

现在,取两块 STM32F103C8T6 学习板,将它们的 J6(参考图 2-7)连接在一起,连接方式为 A 端与 A 端相连,B 端与 B 端相连,如图 7-4 所示。

图 7-4　两块 STM32F103C8T6 学习板的 RS485 接口连接在一起

在图 7-4 中,左侧的 STM32F103C8T6 学习板为发送方,右侧的 STM32F103C8T6 学习板为接收方。在发送方中,按下按键 S3,将发送一个字符"A"至接收方;当按下按键 S4时,将发送一个字符"B"至接收方;接收方在收到字符后将字符显示在 OLED 屏上。

下面针对发送方和接收方的 STM32F103C8T6 学习板,分别设计两个工程,记为 PRJ19T 和 PRJ19R,用于实现图 7-4 所示的 RS485 通信功能。

7.3.2　寄存器类型工程实例

视频讲解

针对图 7-4 中发送方的 STM32F103C8T6 学习板,借助于 RS485 串行口发送字符数据的工程 PRJ10T 的建设步骤如下。

(1) 在工程 PRJ09 的基础上,新建工程 PRJ10T,保存在 D:\STM32F103C8T6REG\PRJ10T 目录下。此时的工程 PRJ10T 与工程 PRJ09 完全相同。

(2) 新建文件 uart1t.c 和 uart1t.h,保存在目录 D:\STM32F103C8T6REG\PRJ10T\BSP"下,这两个文件的源代码如程序段 7-1 和程序段 7-2 所示。

程序段 7-1　文件 uart1t.c

```
1    //Filename: uart1t.c
2
3    # include "includes.h"
4
5    void UART1Init(void)
6    {
7      RCC -> APB2ENR |= (1uL << 2) | (1uL << 14);          //打开 PA 和 USART1 时钟
8
9      GPIOA -> CRH &= ~(((7uL << 4) | (1uL << 2))<< 4);   //PA9 用作 U1_TX,PA10 用作 U1_RX
10     GPIOA -> CRH |= ((1uL << 7) | (1uL << 3) | (3uL << 0))<< 4;
11     GPIOA -> CRH |= (3uL << 12);
12     GPIOA -> CRH &= ~(3uL << 14);                        //PA11 设为输出口
13     GPIOA -> BSRR = (1uL << 11);                         //RS485 配置为输出
14
15     RCC -> APB2RSTR |= (1uL << 14);
16     RCC -> APB2RSTR &= ~(1uL << 14);                     //串口 1 工作
17     USART1 -> BRR = (234uL << 4) | (6uL << 0);           //波特率为 9600bps
18     USART1 -> CR1 &= ~(1uL << 12);                       //8 位数据位
19     USART1 -> CR2 &= ~(3uL << 12);                       //1 位停止位
20     USART1 -> CR1 = (1uL << 13) | (1uL << 3);
21   }
22
```

第 5～21 行为串口 USART1 的初始化函数 UART1Init。第 7 行打开 PA 口和 USART1 串行口的时钟源,这里 USART1 复用了 PA 口的 PA9(TX)和 PA10(RX)。第 9行和第 10 行配置 GPIOA_CRH 寄存器的第[11:4]位为 1000 1011b,参考图 3-3 可知,这里配置 PA9 为推挽模式替换功能输出口,PA10 为带上拉或下拉功能的输入口。第 11～12 行配置 PA11 为带上拉和下拉的输出口,第 13 行使 PA11 输出高电平,根据表 7-3 可知,该操作使 RS485 处于发送状态。

第 15 行复位 USART1,第 16 行使 USART1 退出复位状态,即进入工作状态。第 17 行设置波特率为 9600bps;第 18 行配置 USART1_CR1 的第 12 位(即 M 位,参考表 7-2)为 0,表示串口数据帧包含 8 位数据位;第 19 行配置 USART1_CR2 的第[13:12]位为 00b,表示具有 1 位停止位；第 20 行配置 USART1_CR1 的第 13 和第 3 位为 1，依次表示开启串口 USART1 和开启发送单元。

```
23    void UART1PutChar(Int08U ch)
24    {
25      while((USART1 -> SR & (1uL << 6)) == 0);
26      USART1 -> DR = ch;
27    }
28
29    void UART1PutString(Int08U * str)
30    {
31      while(( * str)!= '\0')
32          UART1PutChar( * str++);
33    }
```

第 23～27 行为串口发送字符函数 UART1PutChar。第 25 行判断前一个发送的字符是否发送完成，如果发送完成，则 USART1_SR 寄存器的第 6 位（即 TC 位，见表 7-1）硬件置 1；第 26 行将待发送的字符 ch 赋给串口数据寄存器 USART1_DR。

第 29～33 行为串口发送字符串的函数 UART1PutString，通过调用串口发送字符函数 UART1PutChar 实现。

程序段 7-2 文件 uart1t.h

```
1     //Filename:uart1t.h
2
3     # include "vartypes.h"
4
5     # ifndef _UART1T_H
6     # define _UART1T_H
7
8     void UART1Init(void);
9     void UART1PutChar(Int08U);
10    void UART1PutString(Int08U * );
11
12    # endif
```

文件 uart1t.h 中声明了文件 uart1t.c 中定义的各个函数，这里第 8～10 行依次声明了串口 USART1 初始化函数 UART1Init、串口 USART1 发送字符函数 UART1PutChar 和发送字符串函数 UART1PutString。

（3）修改 includes.h 文件，如程序段 7-3 所示。

程序段 7-3 文件 includes.h

```
1     //Filename: includes.h
2
3     # include "stm32f10x.h"
4
5     # include "vartypes.h"
6     # include "bsp.h"
7     # include "led.h"
8     # include "key.h"
9     # include "beep.h"
10    # include "tim2.h"
11    # include "oled.h"
12    # include "ds18b20.h"
```

```
13    # include "adc. h"
14    # include "uart1t. h"
```

文件 includes. h 是工程中总的包括头文件。对比程序段 6-17,这里添加了第 14 行,即包括串口 USART1 头文件 uart1t. h。

(4) 修改 bsp. c 文件,如程序段 7-4 所示。

程序段 7-4   文件 bsp. c

```
1     //Filename: bsp. c
2
3     # include "includes. h"
4
5     void BSPInit()
6     {
7       LEDInit();
8       BEEPInit();
9       KEYInit();
10      EXTIKeyInit();
11      TIM2Init();
12      I2C1Init();
13      OLEDInit();
14      My18B20Init();
15      MyADCInit();
16      UART1Init();
17    }
```

对比程序段 6-18,这里添加了第 16 行,即调用 UART1Init 函数对串口 USART1 进行初始化。

(5) 修改 key. c 文件,如程序段 7-5 所示。

程序段 7-5   文件 key. c

```
1     //Filename: key.c
2
3     # include "includes. h"
```

此处省略的第 4～23 行与程序段 4-7 中的第 4～23 行相同。

```
24    void EXTI9_5_IRQHandler()
25    {
26      if((EXTI - > PR & (1uL << 6)) == (1uL << 6))        //PA6 对应 S3 按键
27      {
28          BEEP(1);
29          UART1PutChar('A');
30          EXTI - > PR = (1uL << 6);
31      }
32      if((EXTI - > PR & (1uL << 7)) == (1uL << 7))        //PA7 对应 S4 按键
33      {
34          BEEP(0);
35          UART1PutChar('B');
36          MyADCStart();
37          EXTI - > PR = (1uL << 7);
38      }
39
40      NVIC_ClearPendingIRQ(EXTI9_5_IRQn);
41    }
```

对比程序段 6-19,这里添加了第 29 行和第 35 行,表示当按键 S3 按下时,发送字符"A";当按键 S4 按下时,发送字符"B"。

（6）添加文件 uart1t.c 到工程管理器的 BSP 分组下,完成后的工程如图 7-5 所示。

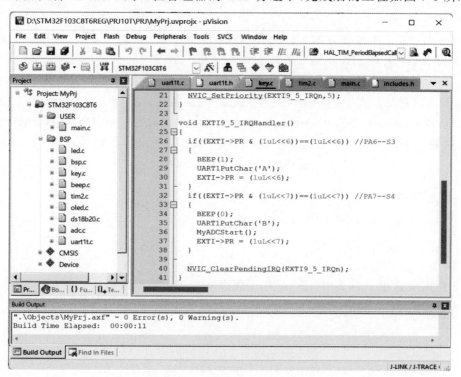

图 7-5　工程 PRJ10T 工作窗口

工程 PRJ10T 的运行流程如图 7-6 所示。

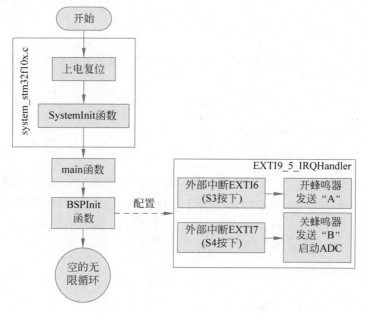

图 7-6　工程 PRJ10T 的运行流程

图 7-6 仅展示了工程 PRJ10T 在工程 PRJ09 的基础上新添加的功能,即在中断服务函数 EXTI9_5_IRQHandler 中添加了根据按键向串口发送字符的功能,当按下按键 S3 时,借助串口发送字符"A";当按下按键 S4 时,借助串口发送字符"B"给 RS485 串行通信的接收端。

下面针对图 7-4 中接收方的 STM32F103C8T6 学习板,借助于 RS485 串行口接收字符数据的工程 PRJ10R 的建设步骤如下。

(1) 在工程 PRJ09 的基础上,新建工程 PRJ10R,保存在目录 D:\STM32F103C8T6REG\PRJ10R 下。此时的工程 PRJ10R 与工程 PRJ09 完全相同。

(2) 新建文件 uart1r.c 和 uart1r.h,保存在 D:\STM32F103C8T6REG\PRJ10R\BSP 目录下,这两个文件的源代码如程序段 7-6 和程序段 7-7 所示。

程序段 7-6   文件 uart1r.c

视频讲解

```
1    //Filename: uart1t.c
2
3    # include "includes.h"
4
5    Int08U rev[2] = {0};
6
```

第 5 行定义数组 rev,其中,rev[0]用于保存串口接收到的字符。

```
7    void UART1Init(void)
8    {
9      RCC -> APB2ENR |= (1uL << 2) | (1uL << 14);          //打开 PA 和 USART1 时钟
10
11     GPIOA -> CRH &= ~(((7uL << 4) | (1uL << 2)) << 4);   //PA9 用作 U1_TX,PA10 用作 U1_RX
12     GPIOA -> CRH |= ((1uL << 7) | (1uL << 3) | (3uL << 0)) << 4;
13     GPIOA -> CRH |= (3uL << 12);
14     GPIOA -> CRH &= ~(3uL << 14);                        //PA11 设为输出口
15     GPIOA -> BRR = (1uL << 11);                          //RS485 配置为输入
16
17     RCC -> APB2RSTR |= (1uL << 14);
18     RCC -> APB2RSTR &= ~(1uL << 14);                     //串口 1 工作
19     USART1 -> BRR = (234uL << 4) | (6uL << 0);           //波特率为 9600bps
20     USART1 -> CR1 &= ~(1uL << 12);                       //8 位数据位
21     USART1 -> CR2 &= ~(3uL << 12);                       //1 位停止位
22     USART1 -> CR1 = (1uL << 13) | (1uL << 5) | (1uL << 3) | (1uL << 2);
23
24     NVIC_EnableIRQ(USART1_IRQn);
25   }
26
```

对比程序段 7-1,这里第 15 行使 PA11 输出低电平,即使 RS485 处于接收状态。第 22 行配置 USART1_CR1 的第 13、5、3 和 2 位为 1 依次表示开启串口 USART1、开启 USART1 接收中断、开启发送单元和开启接收单元。第 24 行调用 CMSIS 库函数 NVIC_EnableIRQ 打开 USART1 串口的 NVIC 中断。

```
27   Int08U UART1GetChar(void)
28   {
29     return USART1 -> DR;
30   }
31
```

```
32    void USART1_IRQHandler(void)
33    {
34      rev[0] = UART1GetChar();
35      OLEDDispStr(70,5,rev);
36      NVIC_ClearPendingIRQ(USART1_IRQn);
37    }
```

第 27~30 行为串口接收字符函数 UART1GetChar,通过直接读数据寄存器 USART1_
DR 实现。第 32~37 行为串口 USART1 的中断服务函数,函数名必须为 USART1_
IRQHandler(参考 1.6 节),来自 startup_stm32f10x_md.s 文件中的同名标号。第 34 行调
用串口接收字符函数 UART1GetChar,将接收到的数据赋给 rev[0];第 35 行将接收到的
字符显示在 OLED 屏的(5,70)位置处。第 36 行调用 CMSIS 库函数 NVIC_ClearPendingIRQ
清除串口中断的 NVIC 中断标志位。

程序段 7-7　文件 uart1r.h

```
1     //Filename:uart1r.h
2
3     # include "vartypes.h"
4
5     # ifndef _UART1R_H
6     # define _UART1R_H
7
8     void UART1Init(void);
9     Int08U UART1GetChar(void);
10
11    # endif
```

文件 uart1r.h 声明了文件 uart1r.c 中定义的各个函数,这里第 8~9 行依次声明了串
口 USART1 初始化函数 UART1Init 和串口 USART1 接收字符函数 UART1GetChar。

(3) 修改 includes.h 文件,如程序段 7-8 所示。

程序段 7-8　文件 includes.h

```
1     //Filename: includes.h
2
3     # include "stm32f10x.h"
4
5     # include "vartypes.h"
6     # include "bsp.h"
7     # include "led.h"
8     # include "key.h"
9     # include "beep.h"
10    # include "tim2.h"
11    # include "oled.h"
12    # include "ds18b20.h"
13    # include "adc.h"
14    # include "uart1r.h"
```

对比程序段 7-3,这里第 14 行为串口 USART1 头文件 uart1r.h。

(4) 修改 bsp.c 文件,如程序段 7-4 所示。

(5) 添加文件 uart1r.c 到工程管理器的 BSP 分组下,完成后的工程 PRJ10R 如图 7-7
所示。

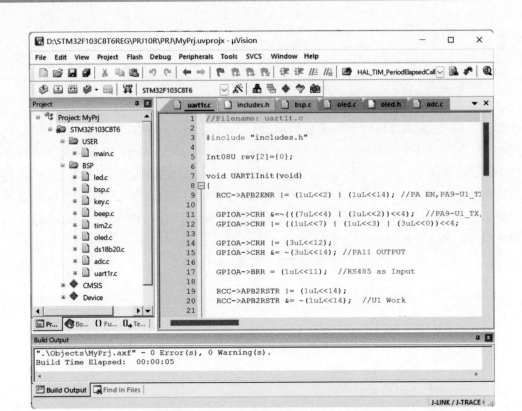

图 7-7　工程 PRJ10R 工作窗口

如图 7-4 所示,将工程 PRJ10T 的可执行代码下载到发送方 STM32F103C8T6 学习板中;将工程 PRJ10R 的可执行代码下载到接收方 STM32F103C8T6 学习板中。然后,给这两块学习板上电,在发送方学习板上按下按键 S3,接收方的 OLED 屏上将显示字符"A",如图 7-4 所示;如果在发送方学习板上按下按键 S4,接收方的 OLED 屏上将显示字符"B"。

7.3.3　HAL 类型工程实例

视频讲解

本节介绍 HAL 类型的串口通信工程实例,对于图 7-4 所示的发送方 STM32F103C8T6 学习板上的工程,其具体建设步骤如下。

(1) 在工程 HPrj09 的基础上,新建工程 HPrj10T,保存在 D:\STM32F103C8T6HAL\ HPrj10T 目录下。此时的工程 HPrj10T 与工程 HPrj09 完全相同。

(2) 在 STM32CubeMX 开发环境下,选中 USART1,如图 7-8 所示。

在图 7-8 中,在 Mode 处选择 Asynchronous,表示串口 1 工作在异步模式下;在 Basic Parameters 处设置 Baud Rate 为 9600 Bits/s,即通信波特率为 9600bps。然后,将 PA11 口配置为输出口,输出低电平(参考图 6-15 的方法,选中 GPIO,在 Pinout View 中配置,这里不再赘述)。最后,单击 GENERATE CODE 生成 CubeMXPrj 工程。

(3) 在 Keil MDK 开发环境下,新建文件 uart1t.c 和 uart1t.h,保存在目录 D:\ STM32F103C8T6HAL\HPrj10T\BSP 下,其中,uart1t.h 文件如程序段 7-2 所示,文件 uart1t.c 如程序段 7-1 所示,但是其中的第 5~21 行的 UART1Init 初始化函数替换为程序段 7-9 所示的同名函数。

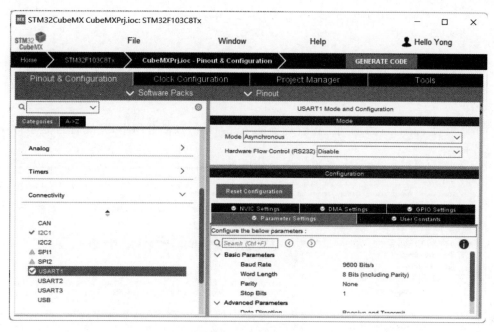

图 7-8　配置 USART1

程序段 7-9　文件 uart1t. c 中的 UART1Init 初始化函数

```
5    void UART1Init(void)
6    {
7      GPIOA -> CRH |= (3uL << 12);
8      GPIOA -> CRH &= ~(3uL << 14);               //PA11 设为输出口
9      GPIOA -> BSRR = (1uL << 11);                //RS485 配置为输出
10     USART1 -> BRR = (234uL << 4) | (6uL << 0);  //波特率为 9600bps
11     USART1 -> CR1 &= ~(1uL << 12);              //8 位数据位
12     USART1 -> CR2 &= ~(3uL << 12);              //1 位停止位
13     USART1 -> CR1 = (1uL << 13) | (1uL << 3);
14   }
```

（4）修改 includes. h 文件，在其末尾添加一行语句 # include "uart1t. h"。

（5）修改 key. c 文件，如程序段 7-10 所示。

程序段 7-10　文件 key. c

```
1    //Filename: key.c
2
3    # include "includes. h"
4
5    void HAL_GPIO_EXTI_Callback(uint16_t GPIO_Pin)
6    {
7      if(GPIO_Pin == GPIO_PIN_6)                   //PA6 对应 S3 按键
8      {
9          BEEP(1);
10         UART1PutChar('A');
11     }
12     if(GPIO_Pin == GPIO_PIN_7)                   //PA7 对应 S4 按键
13     {
14         BEEP(0);
15         UART1PutChar('B');
```

```
16          MyADCStart();
17      }
18  }
```

在 EXTI9_5 外部中断回调函数 HAL_GPIO_EXTI_Callback 中,添加第 10 行,表示当按下按键 S3 时,串口 1 发送字符"A";然后,添加第 16 行,表示当按下按键 S4 时,串口 1 发送字符"B"。

(6) 将文件 uart1t.c 添加到工程管理器的 App/User/BSP 分组下,完成后的工程 HPrj10T 如图 7-9 所示。

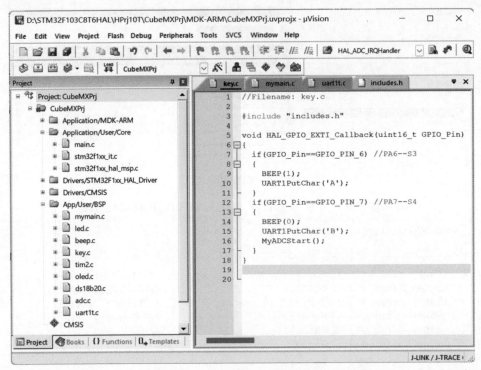

图 7-9　工程 HPrj10T 工作窗口

下面建设图 7-4 所示的接收方 STM32F103C8T6 学习板上的 HAL 工程实例的步骤,如下所述。

(1) 在工程 HPrj09 的基础上,新建工程 HPrj10R,保存在 D:\STM32F103C8T6HAL\HPrj10R 目录下。此时的工程 HPrj10R 与工程 HPrj09 完全相同。

(2) 在 STM32CubeMX 开发环境下,除了如图 7-8 所示配置 USART1 外,还需要配置 USART1 中断,如图 7-10 所示。

在图 7-10 中,选中 USART1 global interrupt。然后,配置 PA11 为输出口,输出低电平(参考图 6-15 的方法,选中 GPIO,在 Pinout View 中配置)。最后,单击 GENERATE CODE 生成 CubeMXPrj 工程。

(3) 在 Keil MDK 开发环境下,新建文件 uart1r.c 和 uart1r.h,保存在目录 D:\STM32F103C8T6HAL\HPrj10R\BSP 下,其中,uart1r.h 文件如程序段 7-7 所示,文件 uart1r.c 如程序段 7-6 所示,但需要删除其中的第 32～37 行的 USART1_IRQHandler 函数,并将其中的初始化函数 UART1Init 替换为程序段 7-11 中的同名函数。

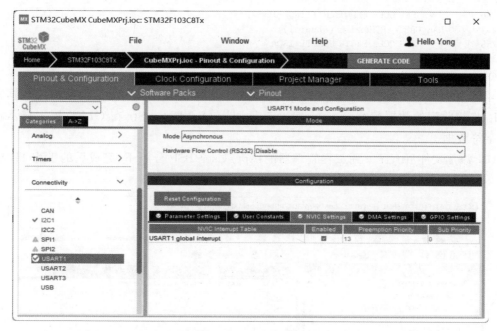

图 7-10　配置 USART1 中断

程序段 7-11　文件 uart1r.c 中的初始化函数 UART1Init

视频讲解

```
7    void UART1Init(void)
8    {
9      GPIOA -> CRH | = (3uL << 12);
10     GPIOA -> CRH & = ~(3uL << 14);              //PA11 设为输出口
11     GPIOA -> BRR = (1uL << 11);                 //RS485 配置为输入
12
13     USART1 -> BRR = (234uL << 4) | (6uL << 0);  //波特率为 9600bps
14     USART1 -> CR1 & = ~(1uL << 12);             //8 位数据位
15     USART1 -> CR2 & = ~(3uL << 12);             //1 位停止位
16     USART1 -> CR1 = (1uL << 13) | (1uL << 5) | (1uL << 3) | (1uL << 2);
17   }
```

（4）修改 includes.h 文件，在其末尾添加一行语句 #include "uart1r.h"。

（5）在中断管理文件 stm32f1xx_it.c 的头部添加一条语句 #include "includes.h"，这里添加到第 25 行，如下所示。

```
24   /* USER CODE BEGIN Includes */
25   #include "includes.h"
26   /* USER CODE END Includes */
```

然后，在中断管理文件 stm32f1xx_it.c 中找到串口 1 中断入口函数 USART1_IRQHandler，在其中添加如程序段 7-12 所示的代码。

程序段 7-12　串口 1 中断入口函数 USART1_IRQHandler

```
250  void USART1_IRQHandler(void)
251  {
252    /* USER CODE BEGIN USART1_IRQn 0 */
253    unsigned char rev[2] = {0};
254    rev[0] = USART1 -> DR;
255    OLEDDispStr(70,5,rev);
```

```
256        /* USER CODE END USART1_IRQn 0 */
257        HAL_UART_IRQHandler(&huart1);
258        /* USER CODE BEGIN USART1_IRQn 1 */
259        /* USER CODE END USART1_IRQn 1 */
260      }
```

其中,第 253～255 行为新添加的代码,第 253 行定义数组 rev,第 254 行读串口 1 数据寄存器 DR,将接收到的数据赋给 rev[0],第 255 行调用 OLEDDispStr 在 OLED 屏上显示接收到的字符数据。

(6) 添加文件 uart1r.c 到工程管理器的 App/User/BSP 分组下,完成后的工程 HPrj10R 如图 7-11 所示。

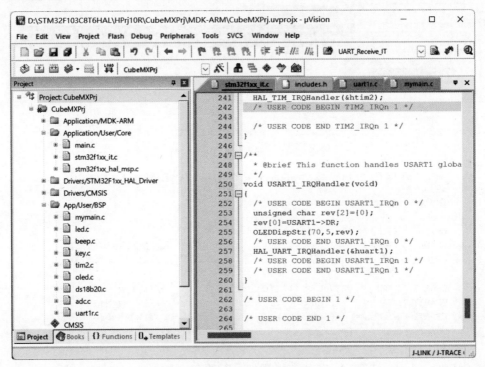

图 7-11   工程 HPrj10R 工作窗口

将图 7-9 所示的工程 HPrj10T 编译链接后的可执行代码下载到图 7-4 所示的发送方 STM32F103C8T6 学习板中,将图 7-11 所示的工程 HPrj10R 的可执行代码下载到接收方 STM32F103C8T6 学习板中。

7.4   Wi-Fi 模块

由第 2 章图 2-2 和图 2-8 可知,STM32F103C8T6 学习板上集成了一块 ESP-01S Wi-Fi 模块,该模块支持无线通信协议 IEEE 802.11b/g/n,内嵌轻量级的 TCP/IP 网络协议栈 LwIP,开源的 LwIP 协议主要应用于嵌入式系统和物联网设备中,支持 TCP、IP、UDP 等协议,多用作网络控制器,为嵌入式设备添加联网功能。ESP-01S 模块的核心处理器为 ESP8266,工作电压为 3.0～3.6V,与 STM32F103C8T6 微控制器的串口 2 相连接,连接情况如表 7-4 所示。

表 7-4　STM32F103C8T6 微控制器与 SP3485 芯片的连接方式

序号	ESP-01S(Wi-Fi) 模块引脚名称	网络标号	STM32F103C8T6 引脚名称	含　义
1	RX	PA2	PA2	USART2 数据输出端
2	TX	PA3	PA3	USART2 数据输入端

在表 7-4 中,STM32F103C8T6 微控制器借助 PA2 和 PA3 口与 ESP-01S 模块通信,通信方式使用 RS232 串口标准,默认串口速率为 115200b/s,最高可达 4.6Mb/s。STM32F103C8T6 微控制器借助串口使用 AT 指令控制 ESP-01S 模块,ESP-01S 模块有多种工作模式,这里重点讨论单连接 TCP 客户端模式,即 ESP-01S 模块作为设备,与 TCP 服务器通信,常用的 AT 指令如表 7-5 所示。

表 7-5　ESP-01S 模块常用的 AT 指令(单连接 TCP 客户端模式)

序号	AT 指令名	指令格式	含　义
1	设置工作模式	AT+CWMODE=mode	mode 只可取 1、2、3,分别表示中路由模式、设备模式和设备兼路由模式
2	重启模块	AT+RST	重启 Wi-Fi 模块,重启后返回响应 OK
3	连接路由器	AT + CWJAP = "Wi-Fi 名","Wi-Fi 密码"	"Wi-Fi 名"为所使用的无线路由器 Wi-Fi 名称,"Wi-Fi 密码"为所使用的 Wi-Fi 密码,设备成功后返回响应 OK
4	读设备 IP 地址	AT+CIFSR	读取 ESP-01S 的 IP 地址
5	连接 TCP 服务器	AT+CIPSTART="TCP","192.168.0.106",8080	将 ESP-01S 作为客户端连接到 TCP 服务器上,这里的 IP 地址应更换为 TCP 服务器的 IP 地址
6	发送数据	AT + CIPSEND = 10 发送长度为 10 字节的数据	发送数据,这里指定发送 10 字节数据。注:可指定发送的字节个数
7	接收数据	+IPD,n: xxxxxxxx	+IPD 为接收数据指示符,n 表示接收到的数据长度(以字节为单位),xxxxxxxx 表示接收到的字节数据

7.4.1　ESP-01S 模块测试

ESP-01S 模块与 ESP-Link 模块如图 7-12 所示,其中,ESP-Link 模块用于向 ESP-01S 模块装载固件,这个固件实现了 ESP-01S 与路由器间的无线连接。在嵌入式系统中使用 ESP-01S 模块无须关注 TCP/IP 和无线网络通信,只需要通过 AT 指令(如表 7-5 所示)即可实现嵌入式设备的联网和无线数据传输。

将图 7-12(c)所示的安装了 ESP-01S 模块的 ESP-Link 模块连接到计算机上,打开 Flash Download Tool V3.64 软件包,使用其中的 ESP8266 Download Tool V3.64,如图 7-13 所示。

在图 7-13 中,选择固件 Ai-Thinker_ESP8266_DOUT_8Mbit_v1.5.4.1-a_20171130.bin,从 0x0 地址开始烧录,选择 ESP-Link 模块所使用的串口(这里为 COM7),波特率选为 115200bps,然后,单击 START 按钮将固件烧录至 ESP-01S 模块中。每次烧录都将为 ESP-01S 设定两个默认的 MAC 地址,分配给图 7-13 中的 AP(路由器)和 STA(客户端)。注意:图 7-13 所示的 ESP8266 Download Tool V3.6.4 软件与 Windows 11 系统兼容性差,建议

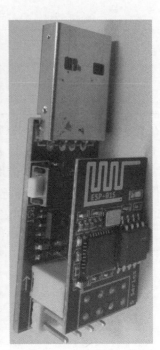

(a) ESP-01S模块(板载26MHz晶振)   (b) ESP-Link模块   (c) 在ESP-Link上安装ESP-01S

图 7-12　ESP-01S 模块与 ESP-Link 模块

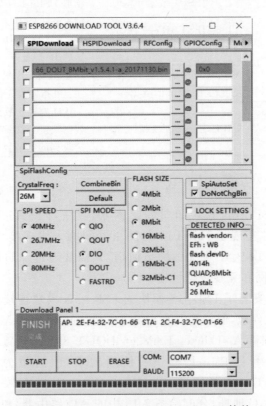

图 7-13　ESP8266 Download Tool V3.64 软件

使用 Windows 7 系统进行烧录,或者在 Windows 11 下使用 ESP8266 Download Tool V3.9.2
进行烧录。

烧录好的 ESP-01S 模块可以使用串口调试助手和网络调试助手测试其无线网络连接
和通信功能。启动串口调试助手,这里使用了 sscom4.2,如图 7-14 所示,ESP-01S 模块通
过 ESP-Link 模块连接到计算机的串口 COM3 上,设置波特率为 115200bps,并打开串口。
然后,启动网络调试助手,这里使用了 NetAssist V5.0.2,如图 7-15 所示。在网络调试助手
中,设置协议类型为 TCP Server,输入本地主机地址,设置本地主机端口为 8080。

结合表 7-5,在串口调试助手中依次输入以下指令:

(1) AT,用于测试 ESP-01S 模块是否就绪,工作正常返回 OK;

(2) AT+CWMODE=3,用于设定 ESP-01S 模块的工作模式,这里表示工作路由和客
户端双模式下;

(3) AT+CWJAP="TP-LINK_3C7E","xxxxxxxx",这里的"TP-LINK_3C7E"为使用
的无线路由器的名称,将"xxxxxxxx"替换为无线路由器的访问密钥(注:密钥最长为 64 字
节),这条指令将 ESP-01S 与指定的无线路由器相连接;

(4) AT+CIPSTART="TCP","192.168.0.100",8080,参照图 7-15 可知,该指令将
ESP-01S 与 IP 地址为 192.168.0.100 的服务器建立 TCP 连接;

(5) AT+CIPSEND=4,设定发送长度为 4 字节的数据,最大长度为 2048 字节,然后,
可以直接发送 4 字节数据至服务器。

上述指令的执行结果如图 7-14 和图 7-15 所示。由图 7-14 可知,通过串口调试助手向
ESP-01S 模块发送完每个 AT 指令后,ESP-01S 模块将 AT 指令、一些附加信息和 OK 信息
传回给串口调试助手。注意:图 7-14 中,在发送 AT 指令时,必须选中"发送新行";而在发
送数据时,不能选中"发送新行"。在向 ESP-01S 模块发送 AT+CIPSEND=4 指令后,等到
ESP-01S 模块返回 OK 信息,串口调试助手中显示">",此时在其右有光标闪烁,直接输入
ABCD,则将 ABCD 传输到服务器上,如图 7-15 所示。

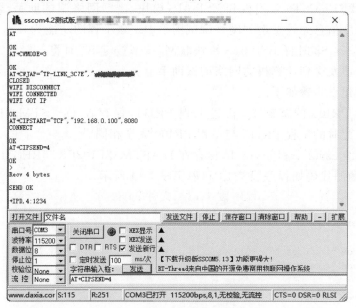

图 7-14　串口调试助手

图 7-15　网络调试助手

在图 7-15 中,输入 1234,单击"发送"按钮,将 1234 发送到 ESP-01S 模块,以形式"＋IPD, 4:1234"显示在串口调试助手中,如图 7-14 所示。这里的 IPD,可视为 Input Data 的缩写, 4 表示接收到的字节数据的个数为 4,1234 为接收到的字节数据。

7.4.2　寄存器类型工程实例

视频讲解

由图 2-2 和图 2-8 可知,ESP-01S 模块与 STM32F103C8T6 微控制器的 PA2 和 PA3 相 连接,即 ESP-01S 模块与 STM32F103C8T6 微控制器的 USART2 相连接,如表 7-4 所示。 这里基于 STM32F103C8T6 学习板和 ESP-01S 模块,借助网络调试助手,建设工程将学习 板上采集到的温度信息无线发送到网络调试助手中。该工程的功能为在 STM32F103C8T6 学习板上,按下按键 S3 时将 ESP-01S 模块联网,按下按键 S4 时将 STM32F103C8T6 学习 板采集到的温度值发送到计算机的网络调试助手上。

具体的工程建设步骤如下。

(1) 在工程 PRJ09 的基础上,新建工程 PRJ11,保存在 D:\STM32F103C8T6REG\ PRJ11 目录下。此时的工程 PRJ11 与工程 PRJ09 完全相同。

(2) 新建文件 uart2.c 和 uart2.h,保存在 D:\STM32F103C8T6REG\PRJ11\BSP 目录 下,这两个文件的源代码如程序段 7-13 和程序段 7-14 所示。

程序段 7-13　文件 uart2.c

```
1    //Filename: uart2.c
2
3    # include "includes.h"
4    # include "string.h"
5
6    void UART2Init(void)
7    {
8      RCC -> APB2ENR |= (1uL << 2);          //打开 PA 口,PA2 用作 U2_TX,PA3 用作 U2_RX
```

```
9     RCC -> APB1ENR |= (1uL << 17);              //开放 USART2
10    RCC -> CFGR |= (1uL << 10);
11    RCC -> CFGR &= ~(3uL << 8);                 //APB1 时钟频率 = 36MHz
12
13    GPIOA -> CRL &= ~(((7uL << 4) | (1uL << 2)) << 8);  //PA2 用作 U2_TX,PA3 用作 U2_RX
14    GPIOA -> CRL |= ((1uL << 7) | (1uL << 3) | (3uL << 0)) << 8;
15
16    RCC -> APB1RSTR |= (1uL << 17);
17    RCC -> APB1RSTR &= ~(1uL << 17);            //串口 2 工作
18
19    USART2 -> BRR = (19uL << 4) | (9uL << 0);   //波特率为 115200bps
20    USART2 -> CR1 &= ~(1uL << 12);              //8 位数据位
21    USART2 -> CR2 &= ~(3uL << 12);              //1 位停止位
22    USART2 -> CR1 = (1uL << 13) | (1uL << 5) | (1uL << 3) | (1uL << 2);
23
24    NVIC_EnableIRQ(USART2_IRQn);
25  }
26
```

第 6～25 行为串口 USART2 的初始化函数 UART2Init。第 8～9 行为 PA 口和 USART2 口提供工作时钟；第 10～11 行设置 APB1 总线工作频率为 36MHz，APB1 为 USART2 提供时钟信号；第 13～14 行将 PA2 和 PA3 口配置为串口 USART2 的发送信号口 TX 和接收信号口 RX；第 16～17 行先复位串口 USART2，再启动 USART2；第 19～21 行配置串口 USART2 的工作模式为"115200bps 波特率、8 位数据位、1 位停止位、无奇偶校检位"；第 22 行配置 USART2_CR1 的第 13、5、3 和 2 位为 1，依次表示开启串口 USART2、开启 USART2 接收中断、开启发送单元和开启接收单元；第 24 行调用 CMSIS 库函数 NVIC_EnableIRQ 打开 USART2 串口的 NVIC 中断。

```
27    void UART2PutChar(char ch)
28    {
29      while((USART2 -> SR & (1uL << 6)) == 0);
30      USART2 -> DR = ch;
31    }
32
33    void UART2PutString(char * str)
34    {
35      char * p = str;
36      while((* p)!= '\0')
37        UART2PutChar(* p++);
38    }
39
```

第 27～31 行为串口发送字符函数 UART2PutChar，第 29 行判断状态寄存器 SR 的第 6 位是否为 1（为 1 表示上次发送结束），如果为 1，则第 30 行写数据寄存器 USART2_DR 实现数据发送。第 33～38 行为串口发送字符串函数 UART2PutString，通过调用串口发送字符函数 UART2PutChar 实现。

```
40    char UART2GetChar(void)
41    {
42      return USART2 -> DR;
43    }
44
45    volatile char rev[400];
```

```
46    volatile char iflag = 0;
47    void USART2_IRQHandler(void)
48    {
49      rev[iflag] = UART2GetChar();
50      iflag++;
51      iflag = iflag % 400;
52      NVIC_ClearPendingIRQ(USART2_IRQn);
53    }
54
```

第 40～43 行为串口接收字符函数 UART2GetChar,通过直接读数据寄存器 USART2_DR 实现。第 45 行定义全局字符型数组 rev,用于保存串口 2 接收到的字符;第 46 行定义全局变量 iflag,作为 rev 数组的索引号。

第 47～53 行为串口 USART2 的中断服务函数,函数名必须为 USART2_IRQHandler (参考 1.6 节),来自 startup_stm32f10x_md.s 文件中的同名标号。第 49 行调用串口接收字符函数 UART2GetChar,将接收到的数据赋给 rev[iflag];第 50 行 iflag 自增 1;第 51 行 iflag 对 400 取模运算,即 iflag 只能取 0～399;第 52 行调用 CMSIS 库函数 NVIC_ClearPendingIRQ,清除串口中断的 NVIC 中断标志位。

```
55    void UDelay(Int32U u)
56    {
57      volatile Int32U i, j;
58      for(i = 0; i < u; i++)
59          for(j = 0; j < 7200; j++);
60    }
61
```

第 55～60 行为延时函数 UDelay,延时约 0.5ums(u 为参数)。

```
62    char at1[] = "AT + CWJAP = \"TP - LINK_3C7E\",\"12345678\"\r\n";
63    char at2[] = "AT + CIPSTART = \"TCP\",\"192.168.0.104\",8080\r\n";
```

第 62 行为 AT+CWJAP 指令,表示将 ESP-01S 模块连接到路由器,其中,"TP-LINK_3C7E"为该工程使用的无线路由器的名称,应更换为实际使用的无线路由器的名称,"12345678"为该工程使用的路由器密码,应更换为实际使用的路由器密码。第 63 行为 AT+CIPSTART 指令,表示将 ESP-01S 模块连接到服务器,其中,192.168.0.104 为该工程使用的服务器 IP 地址(参考图 7-15),应更换为实际使用的服务器 IP 地址。

```
64    void NetConnect(void)
65    {
66      volatile int idx = strlen(at2) - 2;
67      UDelay(600);
68      do
69      {
70          iflag = 0;
71          UART2PutString("AT + CWMODE = 3\r\n");
72          UDelay(500);
73      }
74      while(rev[16]!= 'O' && rev[17]!= 'K');
75      //iflag = 0;
76      //UART2PutString((Int08U *)"AT + RST\r\n");
77      //UDelay(4000);
78      iflag = 0;
79      UART2PutString(at1);
80      UDelay(3000);
```

```
81      do
82      {
83          iflag = 0;
84          UART2PutString(at2);
85          UDelay(3000);
86      }while(rev[idx + 14]!= 'O' && rev[idx + 15]!= 'K');
87      iflag = 0;
88      UART2PutString("AT + CIPSEND = 2\r\n");
89      UDelay(300);
90      iflag = 0;
91      UART2PutString("OK");
92      UDelay(100);
93  }
94
```

第 64~93 行为联网函数 NetConnect,参照图 7-12,这里第 68~74 行向 ESP-01S 模块发送指令 AT+CWMODE=3。注意:在发送 AT 指令时,必须添加回车换行符"\r\n"。在发送 AT 指令后,ESP-01S 模块将 AT 指令回传给 STM32F103C8T6 微控制器,然后,回传 OK。指令 AT+CWMODE=3 的回传信息中的第 16、17 字节为 OK(从第 0 字节算起)。第 79 行向 ESP-01S 模块发送指令 at1,即第 62 行的指令,将 ESP-01S 模块与路由器相连。第 81~86 行向 ESP-01S 模块发送指令 at2,即第 63 行的指令,将 ESP-01S 模块与服务器相连,该指令的回传信息中第 52、53 字节为 OK(即发送指令的长度分别加上 14 和 15 后的值,从第 0 字节算起)。第 88 行向 ESP-01S 模块发送指令 AT+CIPSEND=2,表示预备发送 2 字节的数据;第 91 行调用 UART2PutString 发送数据 OK,发送数据时不应添加回车换行符"\r\n"。此时在服务器端将收到 OK,参考图 7-15。

```
95      void NetSendDat(char * str)
96      {
97          iflag = 0;
98          UART2PutString("AT + CIPSEND = 5\r\n");
99          UDelay(300);
100         iflag = 0;
101         UART2PutString(str);
102         UDelay(100);
103     }
```

第 95~103 行为向服务器发送数据函数 NetSendDat,具有一个字符指针参数 str,该函数将 str 发送到服务器上。第 98 行向 ESP-01S 模块发送指令 AT+CIPSEND=5,表示预备发送 5 字节。第 101 行调用串口发送字符串函数 UART2PutString 向 ESP-01S 模块发送 str,这里将发送 str 字符串的前 5 个字符,表示温度值。

如果需要发送整个 str 字符串,可将第 98 行换为以下 4 条语句:

```
int   n = strlen(str);
char  str2[20];
sprintf(str2," AT + CIPSEND = % d\r\n",n);
UART2PutString(str2)
```

上述语句中,n 保存字符串 str 的长度,sprintf 用于格式化字符串 str2。

程序段 7-14 文件 uart2. h

```
1      //Filename:uart2.h
2
3      # ifndef _UART2_H
```

```
4    # define _UART2_H
5
6    void UART2Init(void);
7    void UART2PutChar(char);
8    void UART2PutString(char * );
9    char UART2GetChar(void);
10   void NetConnect(void);
11   void NetSendDat(char * str);
12
13   # endif
```

文件 uart2.h 中声明了文件 uart2.c 中定义的串口 USART2 的初始化函数 UART2Init、发送字符函数 UART2PutChar、发送字符串函数 UART2PutString、接收字符函数 UART2GetChar、联网函数 NetConnect 和向服务器发送数据函数 NetSendDat。

（3）修改 includes.h 文件，如程序段 7-15 所示。

程序段 7-15   文件 includes.h

```
1    //Filename: includes.h
2
3    # include "stm32f10x.h"
4
5    # include "vartypes.h"
6    # include "bsp.h"
7    # include "led.h"
8    # include "key.h"
9    # include "beep.h"
10   # include "tim2.h"
11   # include "oled.h"
12   # include "ds18b20.h"
13   # include "adc.h"
14   # include "uart2.h"
```

对比程序段 6-17，这里添加了第 14 行，即包括串口 USART2 头文件 uart2.h。

（4）修改 bsp.c 文件，如程序段 7-16 所示。

程序段 7-16   文件 bsp.c

```
1    //Filename: bsp.c
2
3    # include "includes.h"
4
5    void BSPInit()
6    {
7      LEDInit();
8      BEEPInit();
9      KEYInit();
10     EXTIKeyInit();
11     TIM2Init();
12     I2C1Init();
13     OLEDInit();
14     My18B20Init();
15     MyADCInit();
16     UART2Init();
17   }
```

对比程序段 6-18，这里添加了第 16 行，即调用 UART2Init 函数初始化串口 USART2。

（5）修改 key.c 文件，如程序段 7-17 所示。

程序段 7-17 文件 key.c

```
1    //Filename: key.c
2
3    # include "includes.h"
```

此处省略的第 4～23 行与程序段 4-7 中的第 4～23 行相同。

```
24   Int08U netflag = 0;
25   Int08U tflag = 0;
```

第 24 行定义全局变量 netflag，初始化为 0，当按下按键 S3 后，netflag 为 1，表示可以联网，参考程序段 7-17；第 25 行定义全局变量 tflag，初始化为 0，当按下按键 S4 后，tflag 为 1，表示可以向服务器上传温度值，参考程序段 7-17。

```
26   void EXTI9_5_IRQHandler()
27   {
28     if((EXTI -> PR & (1uL << 6)) == (1uL << 6)) //PA6 -- S3
29     {
30         LED(1,1);
31         netflag = 1;
32         EXTI -> PR  = (1uL << 6);
33     }
34     if((EXTI -> PR & (1uL << 7)) == (1uL << 7)) //PA7 -- S4
35     {
36         LED(1,0);
37         tflag = 1;
38         EXTI -> PR  = (1uL << 7);
39     }
40     NVIC_ClearPendingIRQ(EXTI9_5_IRQn);
41   }
```

第 26～41 行为中断服务函数 EXTI9_5_IRQHandler。当按键 S3 被按下时，第 28 行为真，第 29～33 行被执行，即点亮 LED 灯 D2（第 30 行），netflag 标志置 1（第 31 行），清除外部中断 6 标志位（第 32 行）；当按键 S4 被按下时，第 34 行为真，第 35～39 行被执行，即熄灭 LED 灯 D2（第 36 行），tflag 标志置 1（第 37 行），清除外部中断 7 标志位（第 38 行）。

（6）修改 main.c 文件，如程序段 7-18 所示。

程序段 7-18 文件 main.c

```
1    //Filename: main.c
2
3    # include "includes.h"
4
5    void Delay(Int32U);
6    Int16U t;
7    Int08U str[10] = {0};
8    extern Int08U netflag;
9    extern Int08U tflag;
10
```

第 6 行定义全局变量 t，用于保存温度值；第 7 行定义字符数组 str，用于保存字符串形式的温度值；第 8 行声明外部定义的全局变量 netflag，当 netflag 为 1 时执行联网函数，为 0 时不执行联网函数；第 9 行声明外部定义的全局变量 tflag，当 tflag 为 1 时向服务器发送温度值,为 0 时不发送。

```
11    int main(void)
12    {
13      BSPInit();
14
15      OLEDCLS();
16      OLEDON();
17      OLEDDispHZ(10,2,0);
18      OLEDDispHZ(26,2,1);
19      OLEDDispHZ(42,2,2);
20      OLEDDispHZ(106,2,3);
21
22      LED(1,0);
23
```

第 22 行调用 LED 函数,关闭 LED 灯 D2。

```
24      while(1)
25      {
26          t = My18B20ReadT();
27          str[0] = (t >> 8) / 10 + '0';
28          str[1] = (t >> 8) % 10 + '0';
29          str[2] = '.';
30          str[3] = (t & 0xFF) / 10 + '0';
31          str[4] = (t & 0xFF) % 10 + '0';
32          str[5] = 0;
33          OLEDDispStr(60,2,str);
34
35          Delay(300);
36          if(netflag)
37          {
38              netflag = 0;
39              NetConnect();
40          }
41          Delay(300);
42          if(tflag)
43          {
44              tflag = 0;
45              NetSendDat((char * )str);
46          }
47      }
48      return 0;
49    }
```

第 36 行判断 netflag 的值,如果为 1,则执行第 37～40 行,首先将 netflag 清零(第 38 行),然后,调用 NetConnect 函数联网。由程序段 7-16 可知,当按下按键 S3 时,netflag 置 1。在 main 函数的无限循环体内,当 netflag 为 1 时,执行联网,然后将 netflag 清零,即每按下一次按键 S3,将执行一次联网操作。

第 42 行判断 tflag 的值,如果为 1,则执行第 43～46 行,首先将 tflag 清零(第 44 行),然后,调用 NetSendDat 函数向服务器发送温度值。结合程序段 7-17 可知,当按下按键 S4 时,tflag 置 1。这种程序设计方法可保证每按下一次按键 S4,执行一次向服务器发送温度值的操作,而且不增加中断服务函数的负荷。

```
50    void Delay(Int32U u)
51    {
```

```
52      volatile Int32U i,j;
53      for(i = 0;i < u;i++)
54          for(j = 0;j < 7200;j++);
55   }
```

第 50～55 行为延时函数,约延时 0.5ums(u 为参数)。

(7) 添加文件 uart2.c 到工程管理器的 BSP 分组下,完成后的工程 PRJ11 如图 7-16 所示。编译、链接并运行工程 PRJ11,在 STM32F103C8T6 学习板上,先按下按键 S3 联网,然后,多次按下按键 S4,可将 STM32F103C8T6 学习板上采集的温度值发送到服务器上,如图 7-17 所示。

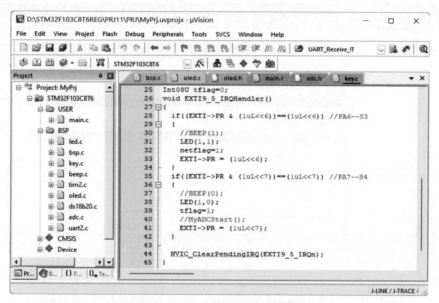

图 7-16　工程 PRJ11 工作窗口

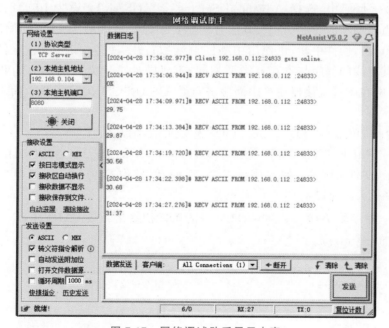

图 7-17　网络调试助手显示内容

视频讲解

7.4.3 HAL 类型工程实例

在工程 HPrj09 的基础上新建工程 HPrj11,保存在 D:\STM32F103C8T6HAL\HPrj11 目录下,此时的工程 HPrj11 与 HPrj09 完全相同。然后,进行如下的工作。

(1) 在 STM32CubeMX 开发环境中,选中 USART2,如图 7-18 所示。

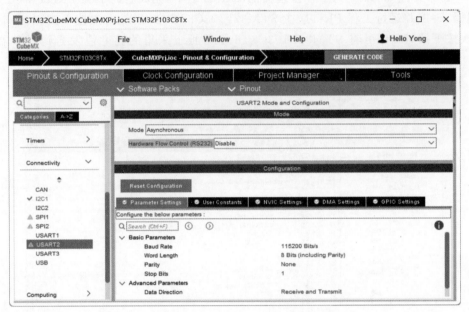

图 7-18　配置 USART2 串口

在图 7-18 中,在 Mode 处选择 Asynchronous,即串口 2 工作在异步模式下。同时,在 NVIC Settings 中打开串口 2 中断;在 GPIO Settings 中选择 PA2 和 PA3 引脚。然后,在 Project Manager 页面中,选择 Advanced Settings,将 USART2 设为 LL,如图 7-19 所示。基于 STM32CubeMX 的硬件抽象层方法有两种:一种为标准的 HAL,这种情况下将硬件完全封装起来,包括硬件中断,也使用中断回调函数;另一种为 LL 方法,这种方法为低级硬件层方法,其生成的程序与寄存器类型相同,不对硬件进行高级抽象。这里将 USART2 设为 LL,其目的在于可直接使用其中断服务函数 USART2_IRQHandler,而不是使用它的回调函数。

在图 7-19 中,单击 GENERATE CODE 生成 CubeMXPrj 工程。

(2) 在 Keil MDK 开发环境下,添加新文件 uart2.h 和 uart2.c,其中文件 uart2.h 如程序段 7-14 所示,文件 uart2.c 如程序段 7-13 所示,但其中第 6～25 行的串口初始化函数 UART2Init 简化为程序段 7-19。

程序段 7-19　文件 uart2.c 中的串口初始化函数 UART2Init

```
6    void UART2Init(void)
7    {
8      USART2->BRR = (19uL << 4) | (9uL << 0);      //波特率为 115200bps
9      USART2->CR1 &= ~(1uL << 12);                 //8 位数据位
10     USART2->CR2 &= ~(3uL << 12);                 //1 位停止位
11     USART2->CR1 |= (1uL << 13) | (1uL << 5) | (1uL << 3) | (1uL << 2);
12   }
```

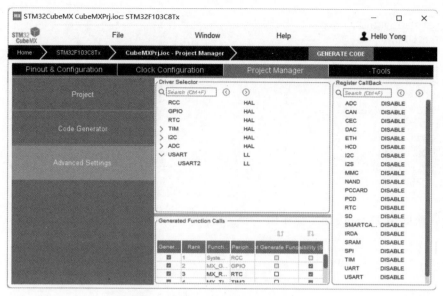

图 7-19 配置 USART2 为 LL 模式

（3）修改 includes. h 文件，在其末尾添加一行语句♯include "uart2. h"。

（4）修改 key. c 文件，如程序段 7-20 所示。

程序段 7-20　文件 key. c

```
1    //Filename: key.c
2
3    # include "includes.h"
4    Int08U netflag = 0;
5    Int08U tflag = 0;
6
7    void HAL_GPIO_EXTI_Callback(uint16_t GPIO_Pin)
8    {
9      if(GPIO_Pin == GPIO_PIN_6)              //PA6 对应 S3 按键
10     {
11        BEEP(1);
12        netflag = 1;
13     }
14     if(GPIO_Pin == GPIO_PIN_7)              //PA7 对应 S4 按键
15     {
16        BEEP(0);
17        tflag = 1;
18        //MyADCStart();
19     }
20   }
```

当按下按键 S3 时，第 12 行将全局变量 netflag 置 1；当按下按键 S4 时，第 17 行将全局变量 tflag 置 1。

（5）修改 mymain. c 文件，如程序段 7-21 所示。

程序段 7-21　文件 mymain. c

```
1    //Filename: mymain.c
2
3    # include "includes.h"
```

```
4
5    void Delay(Int32U u);
6    Int16U t;
7    Int08U str[10] = {0};
8    extern Int08U netflag;
9    extern Int08U tflag;
10
11   void mymain(void)
12   {
13       TIM2Init();
14       OLEDInit();
15       MyADCInit();
16       UART2Init();
17
```

此处省略的第 18～50 行与程序段 7-18 中的第 15～47 行完全相同。

```
51   }
52
53   void Delay(Int32U u)
54   {
55       volatile Int32U i,j;
56       for(i = 0;i < u;i++)
57           for(j = 0;j < 7200;j++);
58   }
```

上述代码中,第 16 行对串口 2 进行初始化。

(6) 在中断文件 stm32f1xx_it.c 中,将 USART2_IRQHandler 中断服务函数注释掉,如图 7-20 所示。

(7) 将文件 uart2.c 添加到工程管理器的 App/User/BSP 分组下,完成后的工程 HPrj11 如图 7-20 所示,编译链接并运行工程 HPrj11,其运行结果与工程 PRJ11 相同。

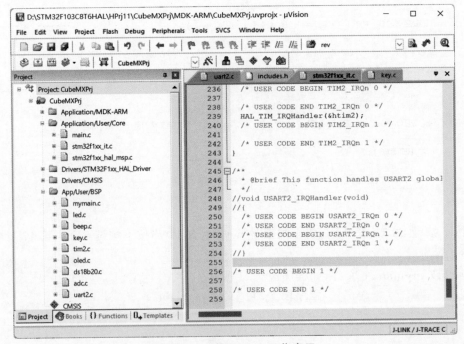

图 7-20　工程 HPrj11 工作窗口

7.5　本章小结

本章详细介绍了 STM32F103C8T6 串口的工作原理和常用操作方法,阐述了 RS485 串行通信方法及 ESP-01S 模块串口控制方法,并以 USART1 和 USART2 为例阐述了寄存器类型和库函数类型的工程程序设计方法。一般地,串口发送数据到上位机是通过调用发送数据函数实现的,而串口接收上位机传送来的数据则是在其串口中断服务程序中实现的。由于异步串行通信协议简单,且占用端口资源少,因此,异步串行通信是目前应用较广泛的数据通信方式之一,其最关键的两个要素为数据帧的格式和波特率。ESP-01S 模块具有体积小和低功耗的特点,且封装了 TCP/IP,可实现长达 100m 的无线网络通信,是物联网中常用的无线模块。ESP-01S 具有多种工作模式,请读者在学习完本章后,借助 ESP-01S 用户手册进一步掌握其他工作模式下的 AT 指令和无线数据通信方法。

习题

1. 阐述 STM32F103C8T6 微控制器的串口波特率设定方法。

2. 基于两块 STM32F103C8T6 学习板,编写寄存器类型工程,实现将其中一块学习板的温度值借助 RS485 总线实时传递到另一块学习板上,并在其 OLED 屏上动态显示出来。

3. 基于 STM32F103C8T6 学习板和网络调试助手,编写 HAL 类型工程,实现通过网络调试助手控制 STM32F103C8T6 学习板上 LED 灯 D3 亮和灭的实验。

第8章 机智云开发技术

机智云（GizWits）是国内优秀的物联网自助开发平台，为物联网应用开发提供了一整套方案和框架代码。本章将基于机智云平台，介绍智能终端远程监测 STM32F103C8T6 学习板所处环境温度的方法。STM32F103C8T6 学习板读取环境温度，通过其上的 ESP-01S 模块将温度值无线发送到机智云服务器端，智能终端通过 App 软件从机智云服务器端读取温度值。智能终端也可以通过机智云服务器向 STM32F103C8T6 学习板发送控制信息。

本章的学习目标：

- 了解基于机智云的物联网产品开发流程；
- 熟悉 ESP-01S 模块机智云固件下载和联网方法；
- 掌握借助机智云对物联网设备进行远程控制的程序设计方法。

8.1 准备工作

登录到机智云（物联网云服务）官网，免费注册为个人用户，然后，以个人用户身份进入机智云"开发者中心"网页，在"智能产品"栏中单击"创建"按钮，将弹出如图 8-1 所示"自定义方案"。

在图 8-1 中，先选择"安防"，再选择"温度传感器"；然后，单击"温度传感器"图标，弹出如图 8-2 所示的界面。

在图 8-2 中，单击"创建"按钮，进入如图 8-3 所示的页面。

在图 8-3 中，温度传感器产品具有公钥 PK 和私钥 PS（需保密），不同的设备具有不同的密钥。然后，在图 8-3 中单击"标准数据点"下的"去编辑"按钮，进入如图 8-4 所示的页面。

图 8-4 中的"数据点"为存放终端采集数据的容器，这里设定采集温度的范围为 0～50℃。"读写类型"设为"只读"，表示终端设备可以上传数据到云端，但云端不支持修改和回传；如果为"可写"，表示终端设备可以上传数据到云端，云端也可下发数据至设备。这里将"读写类型"设为"只读"。

在图 8-4 中，单击"确定"按钮，完成"温度监控器"产品创建，产品信息栏如图 8-5 所示。

回到图 8-3 中，单击"MCU 开发"，进入如图 8-6 所示的页面。

在图 8-6 中，单击"生成代码包"按钮，弹出如图 8-7 所示的信息。

在图 8-7 中，单击"下载"按钮下载生成的代码压缩包，例如，这里的压缩包名为 GizwitsMCUSTM32F103C8x20240430142520430a71951a.zip。该压缩包为基于 STM32F103C8 微控制器的工程源代码，用户只需要在这个工程的基础上进行二次开发。

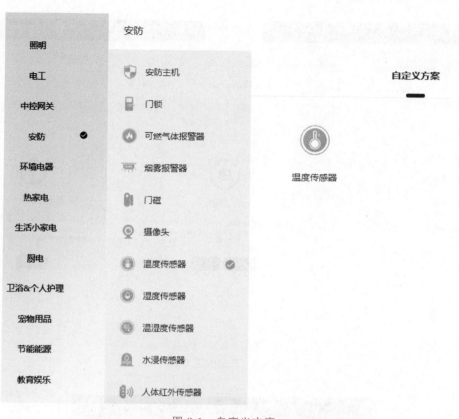

图 8-1　自定义方案

温度传感器

(自定义产品)

产品名称：温度监控器

类型：◉ 单品 Wi-Fi ∨
　　　○ 网关子设备

② 数据传输方式：○ 定长　◉ 变长

功耗方式：◉ 正常　○ 低功耗

创建

图 8-2　创建产品界面

图 8-3 产品开发页面

图 8-4 编辑数据点页面

数据点　定义教程 ›　　　　　　　　　　　　　　　　　　　　　　　　　　　　　　　新 建　管 理 ∨

名称	标识名	读写类型	数据类型	数据点属性	备注	操作
温度	myTemperature	只读	数值	数组范围: 0～50, 分辨率: 0.1, 增量: 0	环境温度	编辑 删除

图 8-5　"温度监控器"产品信息

MCU 开发 ⑦

* 硬件平台:　STM32F103C8x

* Product Secret:

生成代码包

图 8-6　"MCU 开发"页面

MCU 代码生成结果

生成成功

硬件方案: MCU
硬件平台: STM32F103C8x

下 载　　修 改

图 8-7　MCU 代码生成结果

再回到图 8-3 中,单击"开发向导",在"模块开发资源"中单击超链接"GAgent 固件",进入如图 8-8 所示的页面。

图 8-8 GAgent 固件页面

在图 8-8 中,单击 GAgent for ESP8266 (04020034)固件对应的"下载"按钮,这里下载的压缩文件名为 GAgent_00ESP826_04020034-1529147544607. rar,解压后使用其中的固件 GAgent_00ESP826_04020034_8MbitUser1_combine_201806091441. bin。

再回到图 8-3,单击"产测工具",在进入的页面中选择"应用开发",生成 Android 系统的工程代码,如图 8-9 所示。

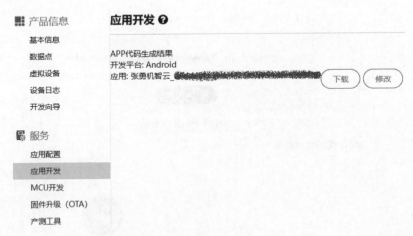

图 8-9 Android 系统 App 代码生成页面

在图 8-9 中,单击"下载"按钮下载 Android 系统的 App 源代码包压缩文件,这里文件名为 Gizwits_Android_20240430160452_pbdxvt.zip。用户可以在此基础上进行二次开发,或者在如图 8-10 所示"开发者中心"的"下载中心"页面,下载设备接入 SDK 包。

在图 8-10 中,单击"Wi-Fi/移动通信产品 SDK for Android (2.23.23.11613)"右边的"下载"按钮,这里下载的压缩包文件名为 GizWifiSDK-Android-2.23.23.11613.zip。

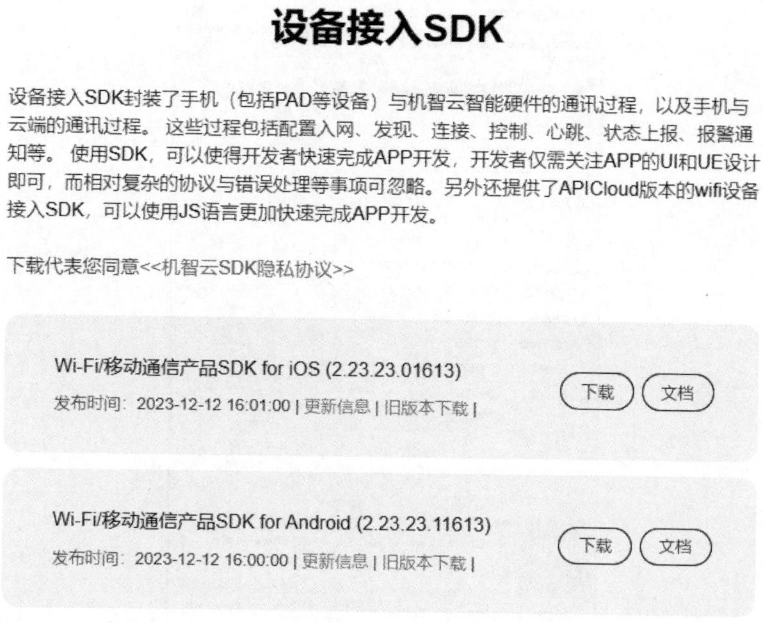

设备接入SDK

设备接入SDK封装了手机（包括PAD等设备）与机智云智能硬件的通讯过程，以及手机与云端的通讯过程。这些过程包括配置入网、发现、连接、控制、心跳、状态上报、报警通知等。使用SDK，可以使得开发者快速完成APP开发，开发者仅需关注APP的UI和UE设计即可，而相对复杂的协议与错误处理等事项可忽略。另外还提供了APICloud版本的wifi设备接入SDK，可以使用JS语言更加快速完成APP开发。

下载代表您同意<<机智云SDK隐私协议>>

Wi-Fi/移动通信产品SDK for iOS (2.23.23.01613)
发布时间：2023-12-12 16:01:00 | 更新信息 | 旧版本下载 |
下载 文档

Wi-Fi/移动通信产品SDK for Android (2.23.23.11613)
发布时间：2023-12-12 16:00:00 | 更新信息 | 旧版本下载 |
下载 文档

图 8-10 设备接入 SDK 包下载页面

8.2 联网测试

从安信可科技官网上下载烧录 Wi-Fi 固件工具 ESP8266 Download Tool V3.9.2。将第 7 章图 7-10(c)所示装载了 ESP-01S 模块的 ESP-Link 插入计算机 USB 接口上，然后，启动软件 ESP8266 Download Tool V3.92，如图 8-11 所示，在 SPIDownload 页面装入固件文件 GAgent_00ESP826_04020034_8MbitUser1_combine_201806091441.bin，并设定烧录起始地址为 0x0。接着，单击 START 按钮启动烧录。在图 8-11 中，串口波特率设为 115200bps，串口号为 COM8（根据计算机实际串口号配置）。

图 8-11 表明向 ESP-01S 模块烧录机智云 Wi-Fi 固件已经完成。此时，应从计算机 USB 口上取下 ESP-Link，然后插入 USB 口。

接着，访问机智云官网下载中心页面下载"机智云串口调试助手"，在其工作界面"配置"页单击"新增"按钮，输入信息，如图 8-12 所示。在图 8-12 中，productKey 和 productSecret 分别为温度监控器产品的公钥 PK 和私钥 PS，参考图 8-3 左上角。在图 8-12 中，单击 OK 按钮，进入图 8-13 所示的界面。

在图 8-13 中，单击"模拟 MCU"，进入如图 8-14 所示的界面，设置串口波特率为 9600bps，串口号根据 EP-Link 在计算机上的实际串口号配置，这里为 COM8-Sil，如图 8-14 所示。

实际上，图 8-14 是已通过无线路由器与智能手机上的"机智云" App 连接后的界面。

在做上述工作的同时，进入机智云官网下载中心页面的"机智云产品调试 APP"页面，如图 8-15 所示。

在图 8-15 中，单击"机智云产品调试 App for Android（2.4.8)"右边的"下载"按钮，下载 Android 手机上的"机智云" App，文件名为 ioeDemo_2.23.23_1186.apk。将其安装在智能手机上，并启动该 App，进入 App 首页后，单击其右上角的"+"号，进入如图 8-16 所示的界面。

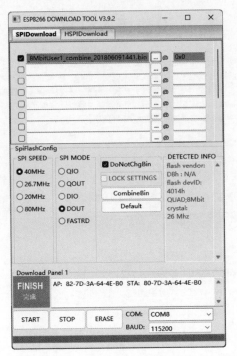

图 8-11　向 ESP-01S 模块烧录机智云 Wi-Fi 固件

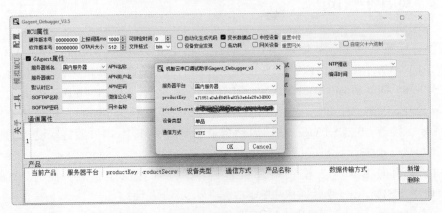

图 8-12　安信可串口调试助手配置界面

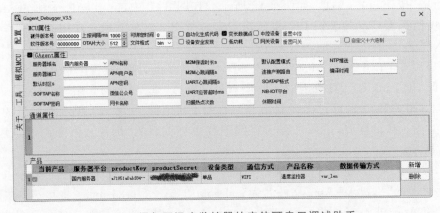

图 8-13　添加了温度监控器的安信可串口调试助手

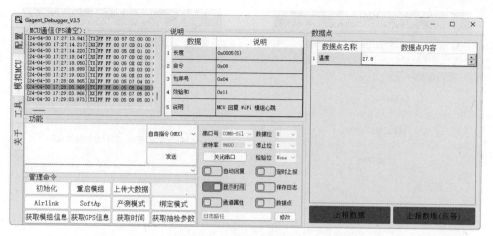

图 8-14　安信可串口调试助手模拟 MCU 界面

机智云产品调试APP

机智云App是全球首款IoT设备通用调试工具，根据开发者自定义的产品功能，自动生成可响应的控制页面。开发者在机智云平台开发智能硬件时，可以很方便地使用该App对硬件设备进行调试和验证。此APP有完整的用户注册、登录和注销流程，并且可以完成机智云智能硬件的配置入网、设备搜索、设备绑定、设备登录、设备控制、远程控制、状态更新、本地远程切换等基本设备操作。

图 8-15　机智云产品调试 App 页面

在图 8-16(a)中，单击"一键配网（Airlink）"，进入图 8-16(b)所示的界面，在其中输入无线路由器的账号和密码，单击"下一步"按钮，进入如图 8-17 所示的界面。

在图 8-17(a)中，选择"乐鑫"，然后进入图 8-17(b)中，此时，在图 8-14 所示的安信可串口调试助手模拟 MCU 界面中单击 Airlink 按钮，之后，在智能手机端如图 8-17(b)所示的界面中单击"我已完成上述操作"，进入如图 8-18 所示的界面。

图 8-18(a)为智能手机的"机智云"App 正在搜索设备，即搜索 ESP-01S；搜索成功后（注意：搜索之后，需要等待几秒），"机智云"App 显示设备名"温度监控器"，如图 8-18(b)所示。在图 8-18(b)中，单击"温度监控器"，进入如图 8-19 所示的界面。

在图 8-14 中，在"温度"处输入 27.8，然后，单击"上报数据"，"机智云"App 上将显示"温度 27.8"，如图 8-19(a)所示；如果在图 8-14 中将"温度"值改为 35.6，然后，单击"上报数据"，则"机智云"App 显示"温度 35.6"，如图 8-19(b)所示。

至此，完成了无线联网测试，这一过程中，安信可串口调试助手模拟了 MCU 向 ESP-01S 模块发送温度值，ESP-01S 收到温度值后，再借助无线路由器，采用无线方式发送至智能手机的"机智云"App 显示出温度值，这种测试下，温度数据并没有发送至机智云平台存储和转发。

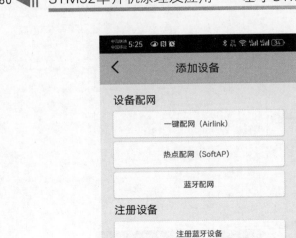

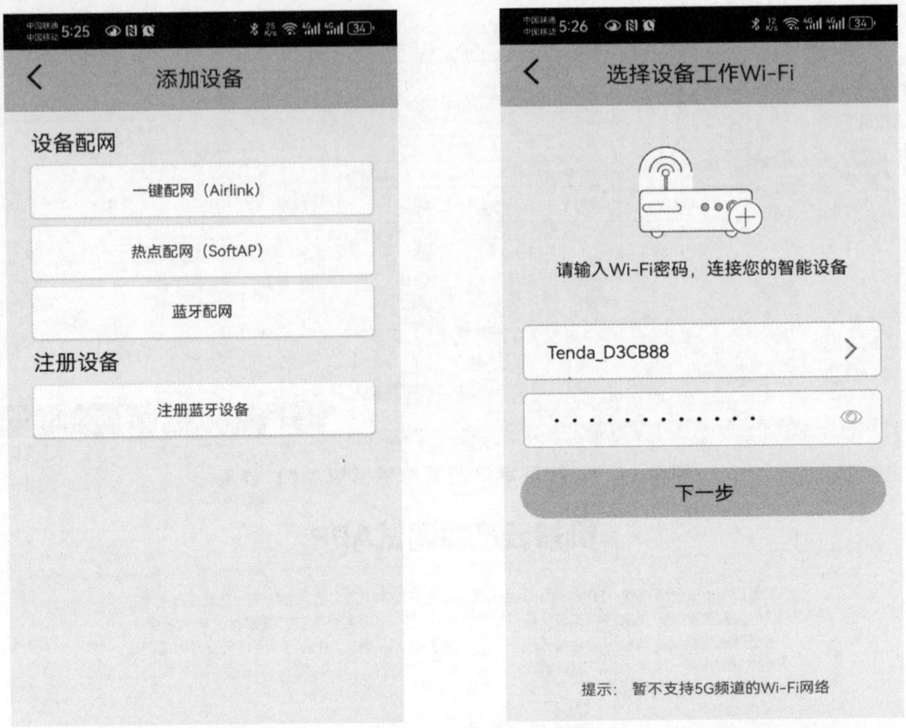

(a) 添加设备 (b) 输入无线路由器的账号和密码

图 8-16 "机智云"App 工作界面-Ⅰ

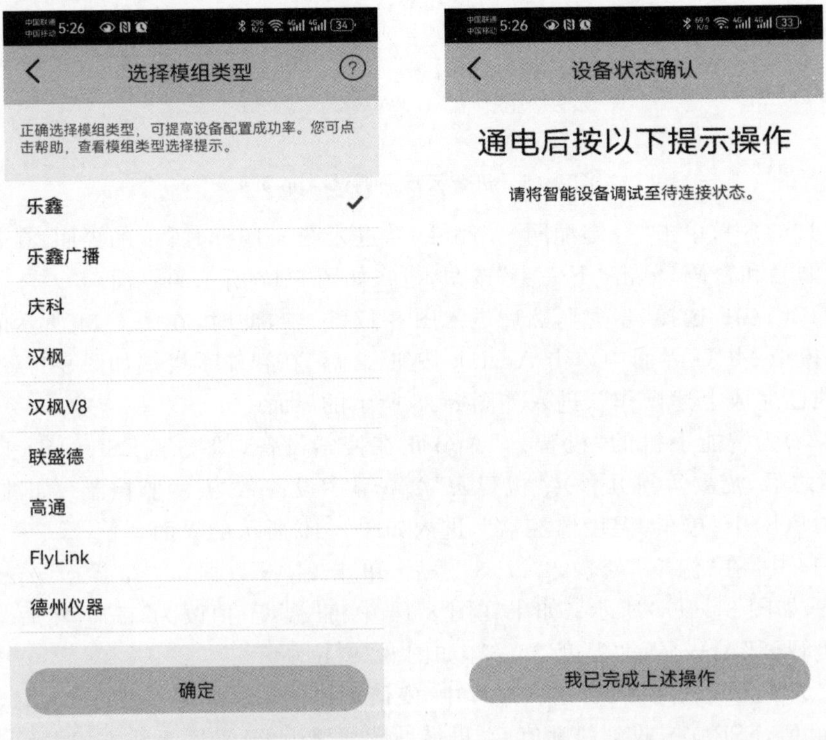

(a) 选择模组类型 (b) 确认设备发出Airlink

图 8-17 "机智云"App 工作界面-Ⅱ

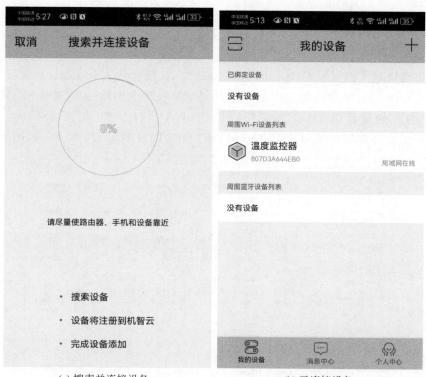

(a) 搜索并连接设备　　　　　　　(b) 已连接设备

图 8-18　"机智云"App 工作界面-Ⅲ

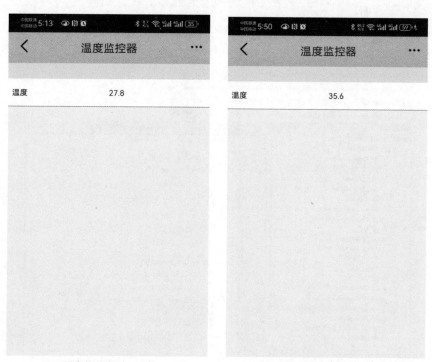

(a) 设备温度值为27.8℃　　　　　　(b) 设备温度值为35.6℃

图 8-19　"机智云"App 工作界面-Ⅳ

8.3 设备端程序设计

现在,将已烧录了机智云 GAgent 固件的 ESP-01S 模块从 ESP-Link 上取下来,重新插到 STM320F103C8T6 学习板的 P2 接口上,并将学习板接上 J-Link 仿真器和 5V 电源。新建工程 HPrj12,创建目录 D:\STM32F103C8T6HAL\HPrj12,将图 8-7 所示的下载的 MCU 代码压缩文件解压至子目录 D:\STM32F103C8T6HAL\HPrj12 下,如图 8-20 所示。

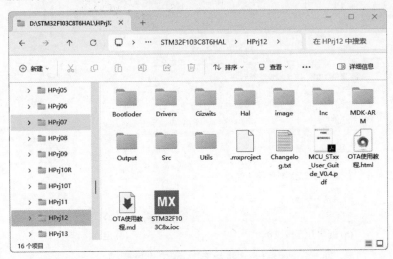

图 8-20 机智云平台自动生成的 MCU 代码文件

在图 8-20 中,工程管理文件位于 MDK-ARM 子目录下,工程文件名为 STM32F103C8x. uvprojx,这里称为机智云 MDK 工程,本书使用 Keil MDK V5.39 打开该工程,如图 8-21 所示。

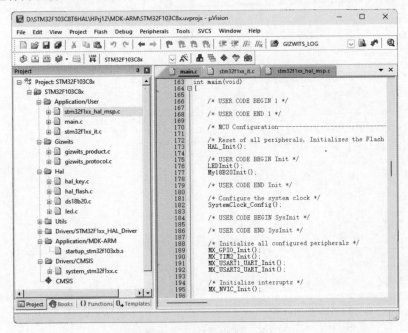

图 8-21 机智云 MDK 工程

实际上,图 8-21 为已经调试成功的机智云 MDK 工程。原机智云 MDK 工程基于 Keil MDK 4 和编译器 ARM Compiler V5,而这里使用了 Keil MDK V5.39 和 ARM Compiler V6.21,需要对机智云 MDK 工程作如下的改动(注意,由于改动地方较多,可能有疏漏之处,请到清华大学出版社本书主页上下载源程序参考)。

(1) 在工程选项页面中,需要配置如图 8-22～图 8-24 所示的选项卡。

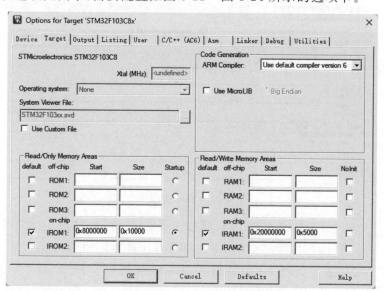

图 8-22　Target 选项卡

在图 8-22 中,不能勾选 Use MicroLIB,编译器选 Use default compiler version 6。

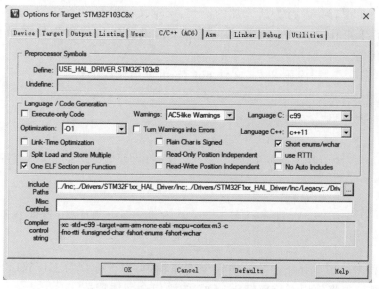

图 8-23　C/C++(AC6)选项卡

在图 8-23 中,Optimization 选"-O1",Language C 选 c99,与本书其他工程相同。
在图 8-24 中,Assembler Option 选 armsam(Arm Syntax)。

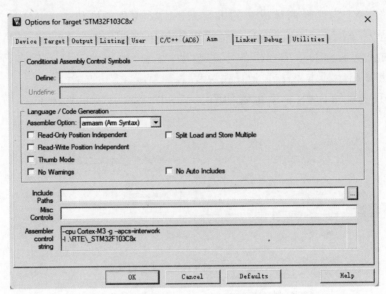

图 8-24　Asm 选项卡

（2）在文件 core_cm3.h 中的第 88 行添加一条宏定义语句，如程序段 8-1 所示。

程序段 8-1　core_cm3.h 中部分代码

```
87    # elif defined( __ ARMCC_VERSION) && ( __ ARMCC_VERSION > = 6010050)
88    # define __ packed
89    # define __ ASM            __ asm
90    # define __ INLINE         __ inline
91    # define __ STATIC_INLINE static __ inline
```

在程序段 8-1 中，第 88 行为新添加的语句，宏定义标识符__ packed 为空。

（3）在文件 hal_flash.c 中，将第 115 行定义的设置堆栈栈顶指针函数修改为如程序段 8-2 所示的代码。

程序段 8-2　文件 hal_flash.c 中修改的代码

```
114   //设置栈顶指针
115   void MSR_MSP(u32 addr)
116   {
117       __ asm volatile(
118           "mov r0, % [addr] \n"           // 将 addr 的值传递到 R0 寄存器
119           "msr msp,r0 \n"
120           "bx r14"
121           :
122           : [addr] "r" (addr)             // 指定 addr 通过寄存器 R0 传递
123       );
124   }
```

（4）将工程中使用 printf 函数的语句全部注释掉，由于标识符 GIZWITS_LOG 被宏定义为 printf，所以，也将使用 GIZWITS_LOG 的语句全部注释掉。

（5）在文件 main.h 中，修改其第 49～52 行的宏定义，如程序段 8-3 所示。

程序段 8-3　文件 main.h 中需要修改的部分

```
49    # define KEY1_Pin GPIO_PIN_6
50    # define KEY1_GPIO_Port GPIOA
```

```
51    # define KEY2_Pin GPIO_PIN_7
52    # define KEY2_GPIO_Port GPIOA
```

由于 STM32F103C8T6 学习板上的两个按键 S3 和 S4 分别与 PA6 和 PA7 相连,这里将 S3 作为 KEY1,S4 作为 KEY2,所以修改上述第 49~52 行,使得 KEY1_Pin 为 GPIO_PIN_6,KEY2_Pin 为 GPIO_PIN_7,且均属于 GPIOA。这两个按键的作用为:短按 KEY1,进入 Wi-Fi 测试模式;长按 KEY1,复位 Wi-Fi 模块;短按 KEY2,进入 Soft AP 模式;长按 KEY2,进入 AirLink 模式。实际使用中,可只使用长按 KEY2,借助 AirLink 模式联网。

(6) 将工程 PRJ11(即 D:\STM32F103C8T6REG\PRJ11\BSP)中的 led.c、led.h、ds18b20.c、ds18b20.h 复制到 D:\STM32F103C8T6HAL\HPrj12\Hal 目录下,并将 led.c 和 ds18b20.c 添加到工程的 Hal 分组下,参考图 8-21。

(7) 将 led.c、led.h、ds18b20.c、ds18b20.h 中的 Int08U 更换为 unsigned char,将其中的 Int16U 更换为 unsigned short。

(8) 将 led.c 和 ds18b20.c 中的包括头文件由 stm32f10x.h 更换为 stm32f1xx.h。

(9) 在文件 main.c 中主函数定义语句 int main(void)的前面添加以下定义:

程序段 8-4　在 main.c 中添加的全局变量

```
1    unsigned short my_t = 0;
2    float my_ft = 0;
3    unsigned char ledstate = 0;
```

这里第 1 行 my_t 用于保存从 DS18B20 读出的温度值,高字节保存温度的整数值,低字节保存温度的小数值;第 2 行 my_ft 用于保存温度的浮点数,保留 1 位小数;第 3 行 ledstate 为控制 LED 状态的变量。

(10) 在文件 main.c 的主函数 main()内部,在语句"HAL_Init();"添加两条语句,即"LEDInit();"和"My18B20Init();",依次用于初始化 LED 灯和 DS18B20。

(11) 在文件 main.c 的主函数 main()内部,在无限循环"while(1){}"中添加以下语句:

程序段 8-5　main 函数中无限循环体内添加的语句

```
1    while (1)
2    {
3        ledstate++;
4        LED(1,ledstate % 2);
5        my_t = My18B20ReadT();
6        my_ft = my_t/256 + ((my_t & 0xFF)/10)/10.0;
7        HAL_Delay(1000); //延时 1s
8        userHandle();
9        gizwitsHandle((dataPoint_t * )&currentDataPoint);
10    }
```

在程序段 8-5 中,第 3~7 行为新添加的语句。第 3 行 ledstate 自增 1;第 4 行根据 ledstate 模 2 的值控制 LED 灯 D2。这里 LED 灯 D2 为指示灯,即程序正常工作时,LED 灯 D2 每隔 1s 闪烁一次。第 5 行读取 DS18B20 的温度值,保存在 my_t 中;第 6 行将 my_t 转换为浮点数,保存在 my_ft 中;第 7 行延时 1s。第 8 行调用函数 userHandle 向服务器发送数据;第 9 行调用 gizwitsHandle 从服务器接收数据。

（12）在文件 gizwits_product. c 中修改 userHandle 函数，如程序段 8-6 所示。

程序段 8-6　文件 **gizwits_product. c** 中修改后的 **userHandle** 函数

```
1    extern float my_ft;
2    void userHandle(void)
3    {
4        currentDataPoint.valuemyTemperature = my_ft;
5    }
```

第 1 行声明外部定义的变量 my_ft。第 2～5 行为修改后的 userHandle 函数，将 my_ft 赋给 currentDataPoint. valuemyTemperature，其中，结构体变量 currentDataPoint 对应数据点集合，其成员 valuemyTemperature 对应标识名为 myTemperature 的"温度"数据点。

（13）在文件 gizwits_product. c 中，搜索到以下语句：

```
while (huart2.gState != HAL_UART_STATE_READY);
```

将其修改为以下语句：

```
while (huart2.gState != HAL_UART_STATE_READY){};
```

上述修改可去除编译过程中产生的警告。

现在回到图 8-21，编译链接并运行机智云 MDK 工程，在机智云主页的开发者中心"个人项目→产品开发"网页，在"产品信息"中选择"设备管理"，将出现如图 8-25 所示的界面。

设备MAC	设备ID	首次上线	累计上线次数	最后一次上线时间	状态	操作
virtual:207562:485992	osUyJwUDjEtvF6mwboa3f2	2024-05-01 08:23:25	1	2024-05-01 08:23:25	离线	实时调试　查看
807d3a644eb0	4aRink̶e̶U̶Vh	2024-05-01 08:21:57	2	2024-05-01 08:23:02	在线	实时调试　查看

图 8-25　设备列表

在图 8-25 中，有两个设备，其中，virtual：207562：485992 为虚拟设备，仅用于调试；MAC 地址为 807d3a644eb0 的设备为 STM32F103C8T6 学习板，其中的 MAC 地址即学习板上 ESP-01S 的 MAC 地址，参考图 8-11 中的"STA：80-7D-3A-64-4E-B0"。

在图 8-25 中，单击"实时调试"，进入如图 8-26 所示的界面。

在图 8-26 中，显示了 STM32F103C8T6 学习板实时上传的动态温度值。

按图 8-16～图 8-18 的方法，将手机端"机智云"App 与设备相连（实际上与机智云平台相连），在"机智云"App 中显示如图 8-27 所示的设备。

在图 8-27(a)中，由于 Android 手机与 STM32F103C8T6 学习板的 ESP-01S 模块均连接到同一个无线路由器，所以设备显示为"局域网在线"；如果 Android 手机使用其他的无线路由器联网，则设备显示为"远程在线"，如图 8-27(b)所示。

在图 8-27 中，单击"温度监控器"，进入如图 8-28 所示的界面，在手机端"机智云"App界面上实时显示远程 STM32F103C8T6 学习板实测的温度值。

时间	动作	数据
2024-05-01 09:05:48	Dev 变长上报状态到 App	`{ "myTemperature": 26.3, }`
2024-05-01 09:05:42	Dev 变长上报状态到 App	`{ "myTemperature": 27.7, }`
2024-05-01 09:05:36	Dev 变长上报状态到 App	`{ "myTemperature": 28, }`
2024-05-01 09:05:30	Dev 变长上报状态到 App	`{ "myTemperature": 26.8, }`

图 8-26 机智云设备实时调试界面

(a) 局域网在线状态   (b) 远程在线状态

图 8-27 手机"机智云"App 上"我的设备"列表

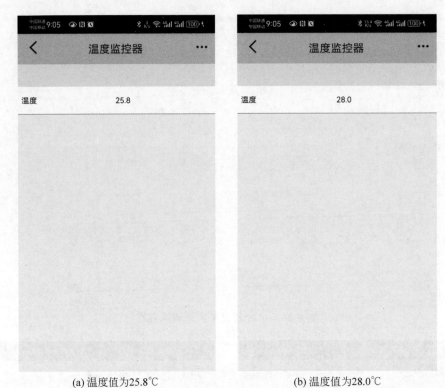

(a) 温度值为25.8℃   (b) 温度值为28.0℃

图 8-28　手机端 App 实时显示 STM32F103C8T6 学习板实测的温度值

8.4　机智云 LED 灯控制实例

在图 8-5 中，单击"新建"按钮，在现有的产品"温度控制器"中添加一个新的数据点，如图 8-29 所示。

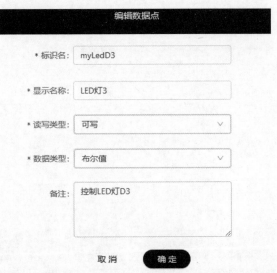

图 8-29　在"温度监控器"产品中添加 LED 灯控制数据点

在图 8-29 中,单击"确定"按钮,进入如图 8-30 所示的界面。

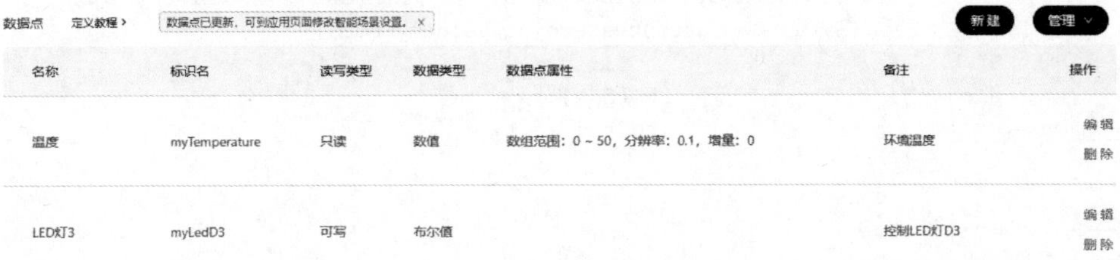

数据点	定义教程 >	数据点已更新,可到应用页面修改智能场景设置。×				新建　管理 ∨
名称	标识名	读写类型	数据类型	数据点属性	备注	操作
温度	myTemperature	只读	数值	数组范围: 0 ~ 50, 分辨率: 0.1, 增量: 0	环境温度	编辑 删除
LED灯3	myLedD3	可写	布尔值		控制LED灯D3	编辑 删除

图 8-30　"温度监控器"产品信息

在图 8-30 中,可见"温度监控器"产品中具有 2 个数据点,包括原来的只读"温度"和新添加的可读可写"LED 灯 D3"。然后,在机智云网开发者中心网页的"开发向导"→"进入 MCU 开发"中生成新的 MCU 代码压缩包。

现在,新建工程 HPrj13,创建目录 D:\STM32F103C8T6HAL\HPrj13,将工程 HPrj12(即目录 D:\STM32F103C8T6HAL\HPrj12)下所有文件复制到目录 D:\STM32F103C8T6HAL\HPrj13 下,并将新 MCU 代码压缩包中的 Gizwits 子目录(新 MCU 代码压缩包解压后的目录名为 MCU_STM32F103C8x_source,其内有 Gizwits 目录)复制到 D:\STM32F103C8T6HAL\HPrj13 下,覆盖其中的同名目录及其内的文件。

在 Keil MDK 5.39 中打开工程 HPrj13,工程名为 STM32F103C8x.uvprojx,其位于 D:\STM32F103C8T6HAL\HPrj13\MDK-ARM 目录下。修改文件 gizwits_product.c,修改的内容参考工程 HPrj12 中的同名文件。然后,作如下修改。

(1) 在文件 gizwits_product.c 中添加对头文件 led.h 的包含,即在该文件的第 22 行添加以下语句:

```
#include "led.h"
```

(2) 在文件 gizwits_product.c 中的函数 gizwitsEventProcess 内部添加对 LED 灯的控制,如程序段 8-7 所示。

程序段 8-7　函数 **gizwitsEventProcess** 需要修改的内容

```
1    unsigned char led3state = 0;
2    int8_t gizwitsEventProcess(eventInfo_t * info, uint8_t * gizdata, uint32_t len)
3    {
4        uint8_t i = 0;
5        dataPoint_t * dataPointPtr = (dataPoint_t *)gizdata;
6        moduleStatusInfo_t * wifiData = (moduleStatusInfo_t *)gizdata;
7        protocolTime_t * ptime = (protocolTime_t *)gizdata;
8    #if MODULE_TYPE
9        gprsInfo_t * gprsInfoData = (gprsInfo_t *)gizdata;
10   #else
11       moduleInfo_t * ptModuleInfo = (moduleInfo_t *)gizdata;
12   #endif
13       if((NULL == info) || (NULL == gizdata))
14       {
15           return -1;
16       }
17       for(i = 0; i < info->num; i++)
18       {
19           switch(info->event[i])
20           {
```

```
21              case EVENT_myLedD3:
22                  currentDataPoint.valuemyLedD3 = dataPointPtr -> valuemyLedD3;
23                  if(0x01 == currentDataPoint.valuemyLedD3)
24                  {
25                          LED(2,1);
26                          led3state = 1;
27                  }
28                  else
29                  {
30                          LED(2,0);
31                          led3state = 0;
32                  }
33                  break;
34              case WIFI_SOFTAP:
35                  break;
```

在程序段 8-7 中,第 1 行和第 23～32 行是新添加的代码。其中,第 1 行定义全局变量 led3state 保存 LED 灯 D3 的状态,如果为 0,表示处于灭态;如果为 1,表示处于亮态。第 22 行的 currentDataPoint.valuemyLedD3 为服务器发送给终端设备(即 ESP-01S)的数据点 "LED 灯 D3"的状态信息,如果其为 0x01(第 23 行为真),则第 24～27 行执行,第 25 行 LED 灯 D3 亮,第 26 行将表示 LED 灯 D3 状态的信息写入变量 led3state,即将 1 写入 led3state 中;如果 currentDataPoint.valuemyLedD3 为 0(第 28 行为真),则第 29～32 行执行,第 30 行 LED 灯 D3 灭,第 31 行将 0 写入 led3state 中。

(3) 在文件 gizwits_product.c 中的函数 userHandle 内添加如程序段 8-8 所示的语句。

程序段 8-8   函数 **userHandle** 内需要添加的语句

```
1    extern float my_ft;
2    void userHandle(void)
3    {
4        currentDataPoint.valuemyTemperature = my_ft;
5        if(led3state)
6        {
7            currentDataPoint.valuemyLedD3 = 1;
8        }
9        else
10       {
11           currentDataPoint.valuemyLedD3 = 0;
12       }
13   }
```

这里新添加的代码为第 5～12 行。第 5 行判断 led3state 是否为 1,如果为 1(第 5 行为真),则执行第 6～8 行,第 7 行将 1 由终端设备(即 ESP-01S)上传到机智云服务器;如果 led3state 为 0(第 9 行为真),则第 10～12 行执行,第 11 行将 0 上传至机智云服务器。这些新添加的代码可使手机端"机智云"App 上"LED 灯 3"的状态和终端设备 STM32F103C8T6 上 LED 灯 D3 的真实状态保持一致。

将工程 HPrj13 编译链接并运行后,手机端"机智云"App 显示如图 8-31 所示。

在图 8-31(a)中,单击"LED 灯 3"一栏右侧开关钮,得到如图 8-31(b)所示的界面,此时,在 STM32F103C8T6 学习板上 LED 灯 D3 亮。相反地,在图 8-31(b)中单击"LED 灯 3",将回到图 8-31(a)所示界面,同时,STM32F103C8T6 学习板上 LED 灯 D3 灭。这样,就实现了借助手机"机智云"App 远程控制 STM32F103C8T6 学习板上 LED 灯 D3 的功能。

(a) LED灯D3灭　　　　　　　　　　　(b) LED灯D3亮

图 8-31　手机端"机智云"App 显示结果

8.5　本章小结

　　本章详细介绍了基于机智云平台的物联网技术,借助 STM32F103C8T6 学习板及其上的 ESP-01S 模块、手机端"机智云"App、安信可串口调试助手、网络调试助手等,阐述了在机智云服务器上创建物联网设备和联网测试的方法,讨论了终端设备应用程序设计方法,重点介绍了温度值远程监控和 LED 灯远程控制设计方法。图 8-9 和图 8-10 中下载的 Android系统的 App 源代码和 SDK 包,支持用户编写各具特色的应用 App 以替代"机智云"App 作为手机端的控制应用 App。在图 8-20 中,只有子目录 Gizwits 下的文件是机智云组网和数传文件,建议读者在工程 HPrj15 的基础上,借助 Gizwits 目录下的文件,实现工程 HPrj12和 HPrj13 的功能,以达到全面掌握机智云物联网技术的目的。

习题

　　1. 借助机智云平台和安信可串口调试助手,建立两个数据点,将 ESP-01S 与手机端"机智云"App 相连接,并实时显示数据点的数据。

　　2. 借助机智云平台和 STM32F103C8T6 学习板,实现手机端"机智云"App 实时显示学习板采集到的温度值,并通过手机端设置温度报警上、下门限。

　　3. 借助机智云平台和 STM32F103C8T6 学习板,实现手机端"机智云"App 实时显示学习板上的 LED 状态,并能通过手机端"机智云"App 控制 LED 灯的状态。

参考文献

［1］　张勇.ARM 原理与 C 程序设计［M］.西安：西安电子科技大学出版社，2009.

［2］　张勇.嵌入式操作系统原理与面向任务程序设计［M］.西安：西安电子科技大学出版社，2010.

［3］　张勇,夏家莉,陈滨,等.嵌入式实时操作系统 μC/OS-III 应用技术［M］.北京：北京航空航天大学出版社，2013.

［4］　张勇,吴文华,贾晓天.ARM Cortex-M0 LPC1115 开发实战［M］.北京：北京航空航天大学出版社，2014.

［5］　张勇.ARM Cortex-M0＋嵌入式开发与实践［M］.北京：清华大学出版社，2014.

［6］　张勇,陈爱国,唐颖军.ARM Cortex-M0＋嵌入式微控制器原理与应用——基于 LPC84X、IAR EWARM 与 μC/OS-III 操作系统［M］.北京：清华大学出版社，2020.

［7］　张勇.ARM Cortex-M3 嵌入式开发与实践——基于 STM32F103［M］.2 版.北京：清华大学出版社，2023.

［8］　李正军.ARM 嵌入式系统案例实战［M］.北京：清华大学出版社，2024.

［9］　王田苗.嵌入式系统设计与实例开发［M］.北京：清华大学出版社，2003.

［10］　姚文祥.ARM Cortex-M3 与 Cortex-M4 权威指南［M］.北京：清华大学出版社，2015.

［11］　冯新宇,林泽鸿.ARM Cortex-M3 嵌入式系统原理及应用——STM32 系列微处理器体系结构、编程与项目实践［M］.北京：清华大学出版社，2024.

［12］　田辉.微机原理与接口技术——基于 ARM Cortex-M4［M］.3 版.北京：高等教育出版社，2022.

［13］　何宾.ARM Cortex-M0 全可编程 SoC 原理及实现［M］.北京：清华大学出版社，2017.